Andreas Dümke, Georg Scheuermann, Hans Schleker

Schutzmaßnahmen nach DIN VDE

Auszüge aus DIN VDE 0100 und DIN VDE 0701

7. Auflage

Bestellnummer 7924N

Bildungsverlag EINS
westermann

service@bv-1.de
www.bildungsverlag1.de

Bildungsverlag EINS GmbH
Ettore-Bugatti-Straße 6-14, 51149 Köln

ISBN 978-3-427-**07924**-8

westermann GRUPPE

Inhaltsverzeichnis

Kennzeichnen Sie den Stromweg farbig.

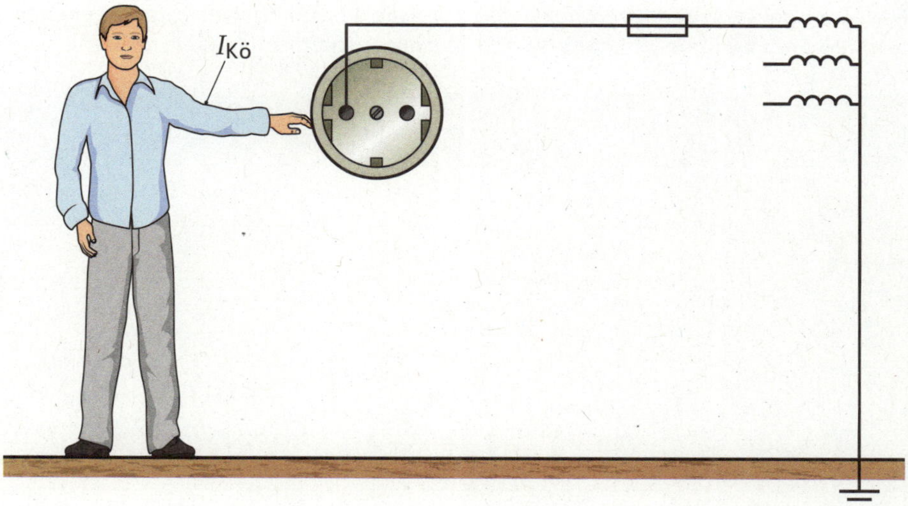

Zeit-Strom-Gefährdungsbereiche für Erwachsene

Das nebenstehende „Nomogramm" wurde aus Erfahrungswerten ermittelt.

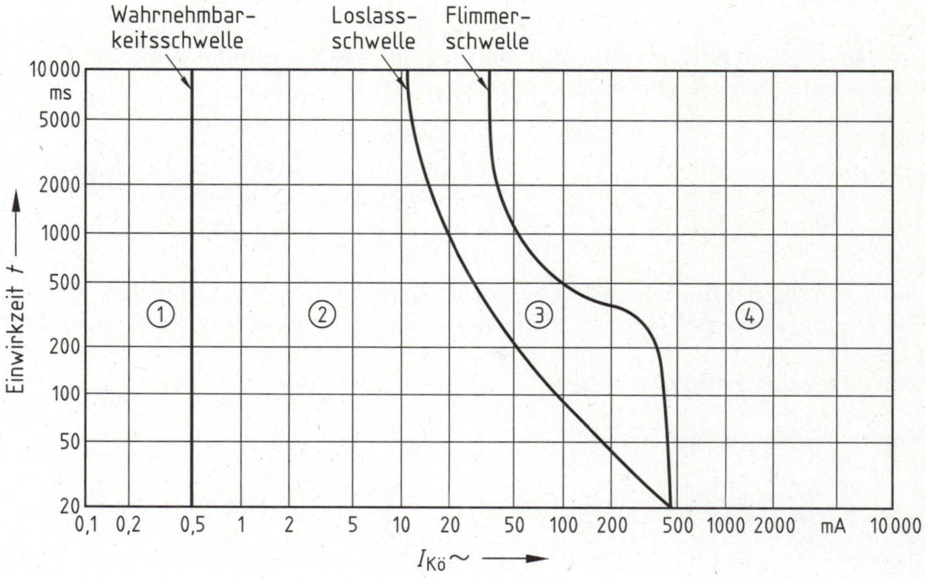

Geben Sie für die Bereiche ① – ④ den jeweiligen Gefährdungsgrad an.

① ______________________________

② ______________________________

③ ______________________________

④ ______________________________

Auf welchen Wert ist der höchste erträgliche Strom durch den menschlichen Körper festgelegt?

Antwort: _______ mA~

Wie groß ist der Körperwiderstand eines Menschen?

Antwort:
Durchschnittswert bei 50 V ~ ungefähr

______________ Ω

Für einen gefährlichen Stromfluss sind auch die Übergangswiderstände entscheidend.
Nennen Sie Beispiele für hohen und niedrigen Übergangswiderstand $R_Ü$.

	Übergangswiderstand $R_Ü$ hoch	niedrig
Hände		
Füße		

Bei Berührung eines Spannung führenden Teils gilt folgendes Ersatzschaltbild:

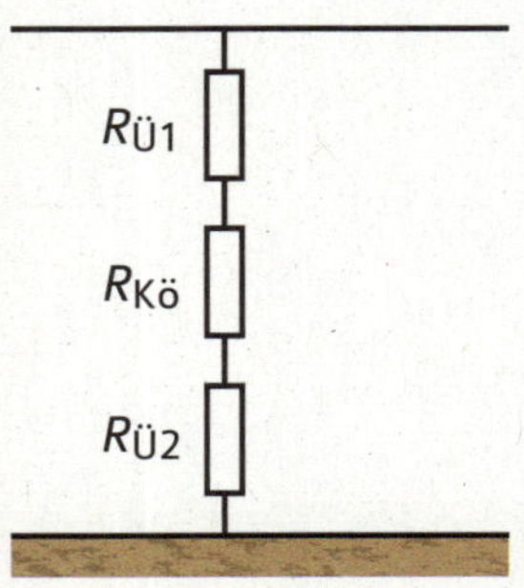

Aus dem größten noch ungefährlichen Strom und aus dem Körperwiderstand resultiert nach dem ohmschen Gesetz zwangsläufig eine maximale Berührungsspannung $U_{B\,max}$:

$$U_{B\,max} = R_{Kö} \cdot I_{Kö\,max}$$

Errechnen Sie die höchstzulässige Berührungsspannung $U_{B\,max}$ für den Menschen, wenn man vom Durchschnittskörperwiderstand des Menschen und der noch höchsten erträglichen Stromstärke ausgeht.

höchste erträgliche Stromstärke $I_{K\,max}$ = ____________ mA~ $U_{B\,max}$ = ______________________________

Durchschnittskörperwiderstand R_K = ____________ Ω $U_{B\,max}$ = ______________________________

Welcher Wert gilt für Anlagen ohne Schutz gegen direktes Berühren, z. B. Halogenlichtanlagen, Kinderspielzeug, Klingel- und Türöffneranlagen

AC: U_L = ____________ V ~ DC: U_L – = ____________ V –

Ist der Spannungswert höher als 25 V, sind weitere Maßnahmen (Isolierung, Abstand, kurze Abschaltzeit) nötig.

Welcher Wert wurde international als Limit für die höchstzulässige Berührungsspannung festgelegt?

AC: U_L = ____________ V ~ DC: U_L – = ____________ V –

DC ***Warum sind bei Gleichspannung entsprechend höhere Werte erlaubt?***

____

____

____

SELV/PELV

Schutzkleinspannung SELV Safety Extra Low Voltage

Funktionskleinspannung mit sicherer Trennung PELV Protective Extra Low Voltage

Nennen Sie einige Betriebsspannungen unter 50 V.

___ ___ ___ ___ ___ ___ ___ ___ V

● ***Wodurch haben sich diese Werte ergeben?***

___ ___ ___ ___ V vom ___________-Element.

___ ___ ___ ___ V vom ___________-Akku.

___ V von der Verkettung zu ______ V, Faktor = 1,73 = √___

Wie werden in der Praxis Kleinspannungen erzeugt?

T ___________

M ___________ Diesel / Elektro G ___________ Gleichspannung / Wechselspannung Frequenzumformer

A ___________

● ***Welche maximalen Spannungswerte gelten für:***

Spielzeuge, Klingel- u. Türöffneranlagen, medizinische Geräte?	______ V ~	______ V –
medizinische Sonden im menschlichen Körper?		______ V

Bis ________ V ~/ ________ V – ist kein Schutz gegen direktes Berühren nötig!

(Für Schweißgeräte gilt eine Sonderregelung)

Zeichnen Sie die entsprechenden Symbole.

Spielzeug-transformator	Sicherheits-transformator
Klingeltrans-formator	Schutzklasse III Schutzkleinspannung

Ortsveränderliche Geräte für SELV müssen besondere Steckvorrichtungen ohne (!) Schutzkontakt haben.
Die Leitungen müssen mindestens für ________ V isoliert sein.

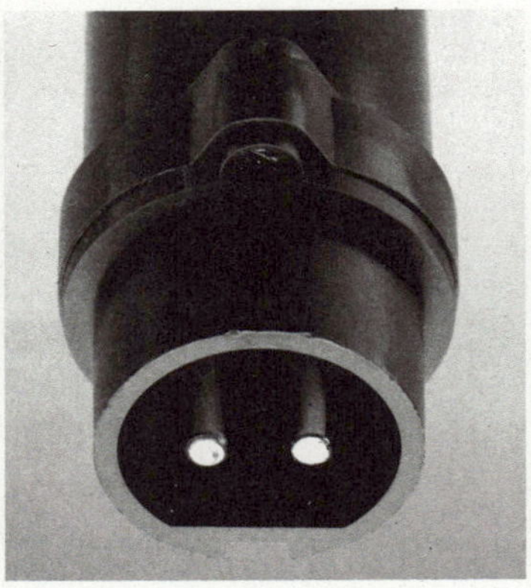

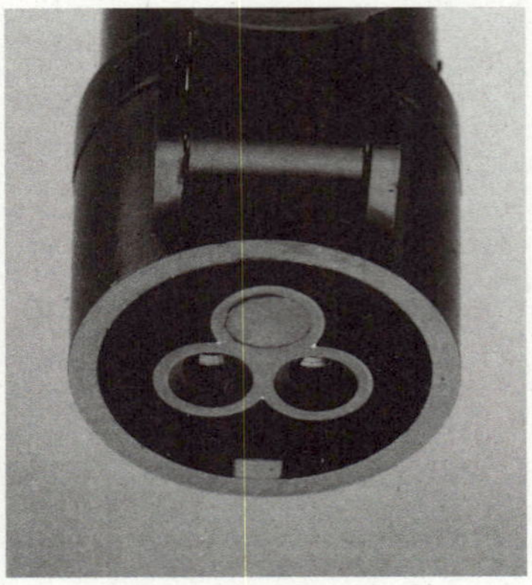

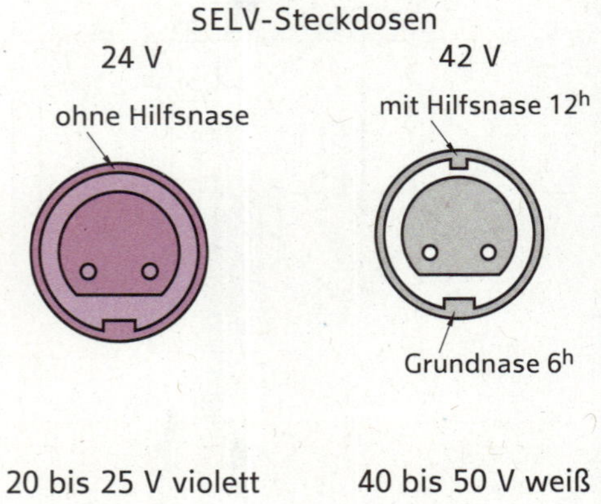

Stecker und Steckdosen von PELV-Stromkreisen dürfen einen Schutzkontakt haben.
Obwohl die Schutzkleinspannung einen optimalen Schutz für den Menschen darstellt, werden auch höhere Spannungen angewendet. ***Warum?***

____

____

____

Höhere Spannungen (z. B. 230 V) erfordern besondere Schutzmaßnahmen:

Schutzisolierung ⧈ (Schutzklasse II)
VDE 0100-412: doppelte oder verstärkte Isolierung

Hierbei kann trotz der höheren Betriebsspannung kein gefährdender Stromfluss auftreten.

Schutzisolierung der Geräte

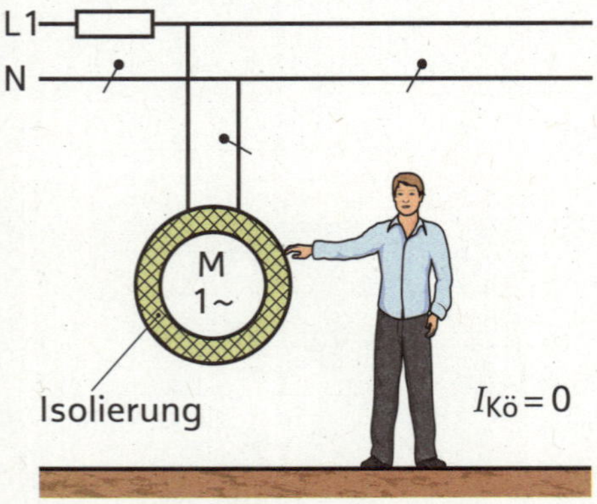

Stecker für schutzisolierte Geräte

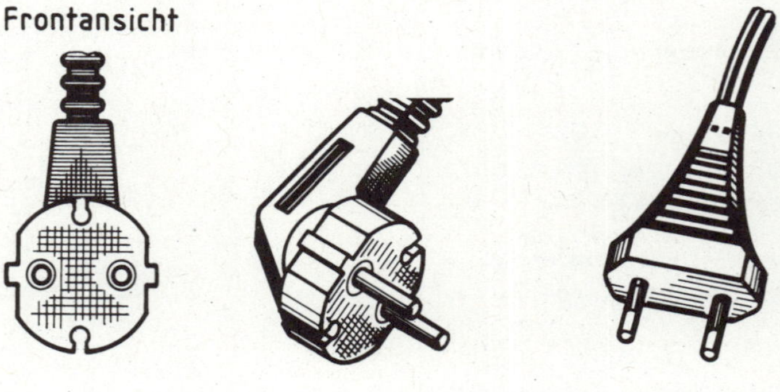

Die Anschlussleitung für schutzisolierte Geräte enthält normalerweise **keinen** Schutzleiter. Ist jedoch ein Schutzleiter in der Anschlussleitung eines schutzisolierten Betriebsmittels vorhanden, so muss er im Stecker angeschlossen sein. Er darf nicht im Gerät angeschlossen sein!

Nennen Sie Beispiele für schutzisolierte Geräte.

____

____

____

Schutz durch nicht leitende Räume

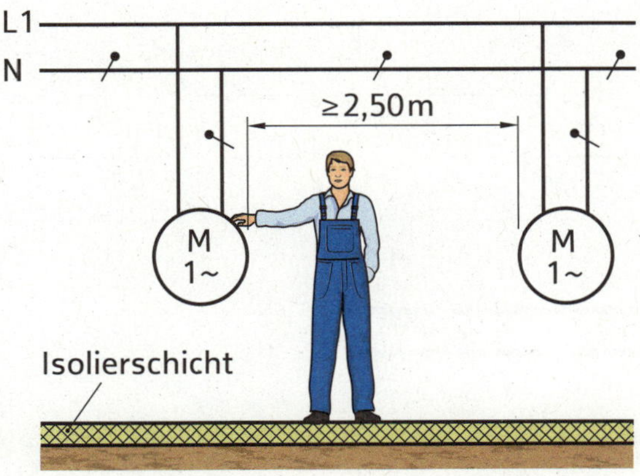

Geben Sie einige Beispiele an.

Bei zu geringen Abständen ist ein erdfreier örtlicher Potenzialausgleich herzustellen.

Die Isolationswiderstände müssen der jeweiligen Spannung angepasst sein!

Schutztrennung lt. DIN VDE 0100-413

Hier wird ein elektrisches Betriebsmittel mithilfe eines Trenntransformators **galvanisch vom Netz** und somit auch von der Erde getrennt. Bei **nur einem** Isolationsfehler kann dann keine gefährdende Berührungsspannung auftreten.

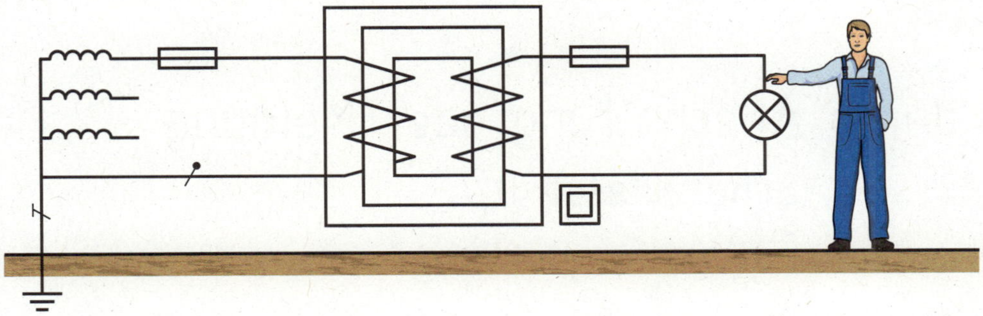

Ist laut VDE Schutztrennung vorgeschrieben, dann darf am Trafo nur ein Betriebsmittel angeschlossen werden.

Mehrere Betriebsmittel dürfen nur dann an **einem** Trenntrafo betrieben werden, wenn deren Körper untereinander durch einen ungeerdeten Potenzialausgleichsleiter verbunden sind.

Zeichnen Sie den Potenzialausgleichsleiter farbig ein.

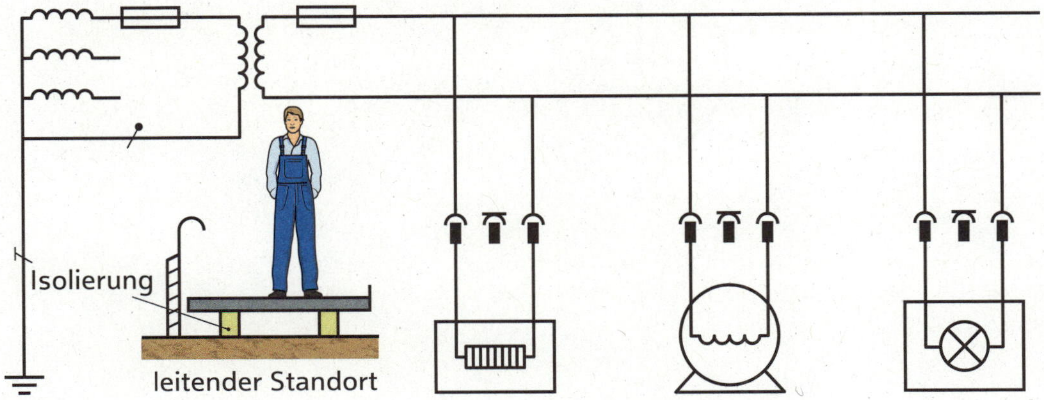

Nennen Sie Anwendungsfälle und Geräte.

Für die Elektrotechnik sind die bisher angesprochenen Schutzmaßnahmen nicht ausreichend.

Warum?
z. B. bei

Durchlauferhitzer: ______________________________

Elektroherd: ______________________________

Waschmaschine: ______________________________

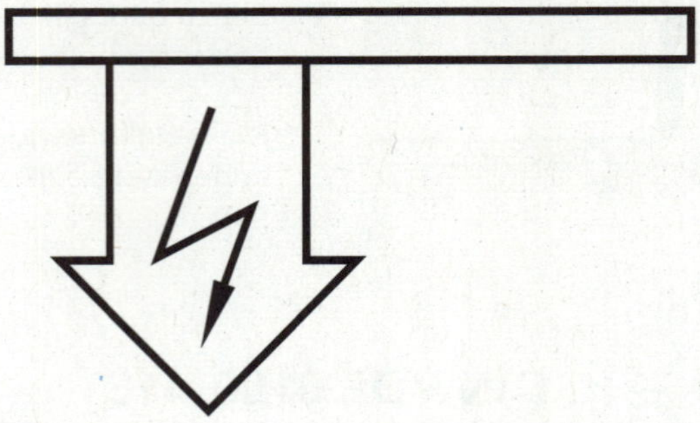

Schutzmaßnahmen mit Schutzleiter:

Schutz durch Abschaltung oder Meldung
(Schutzklasse I)

Systemarten und die jeweils darin zugelassenen Schutzeinrichtungen:

Systeme und deren Kennzeichnung

Bedeutung 1./2. Buchstabe

1. Buchstabe: Spannungserzeuger

2. Buchstabe: Verbraucheranlage

Benennen Sie die Systeme.

T = Sternpunkt geerdet (Terra)

I = Sternpunkt (isoliert)

T = Eigene Erdung der Verbraucheranlage

N = Eine Leitungsader (gnge) verbindet den Schutzleiteranschluss der Verbraucher (Körper) mit der Betriebserde (Sternpunkt) des Spannungserzeugers.

___ ___

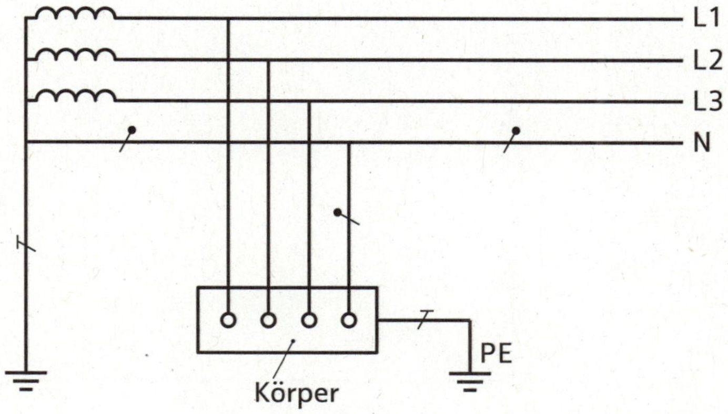

___ ___

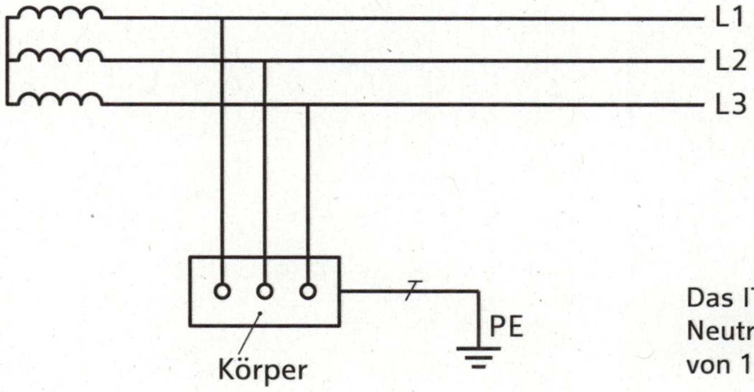

Das IT-Netz kann auch mit Neutralleiter in Spannungsbereichen von 130 V bis 400 V ausgeführt sein.

___ ___

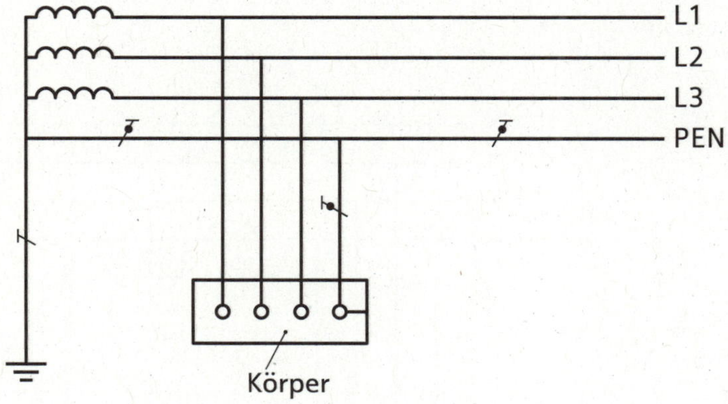

Bedeutung 3./4. Buchstabe (TN – ...)

Separate (getrennte) Führung von PE- und N-Leiter vom Transformator zum Verbraucher.

____ ____ – ____

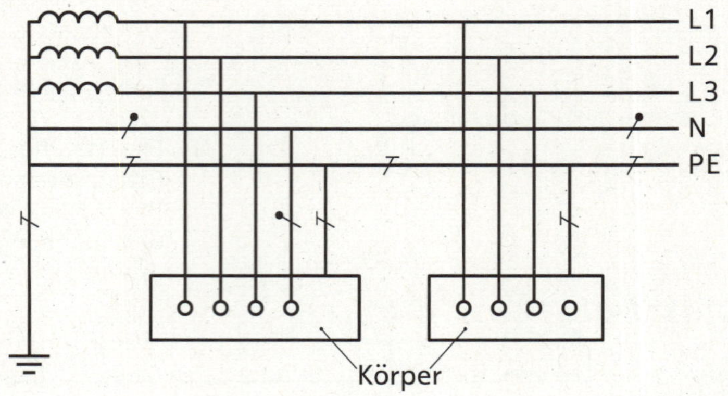

Kombinierter (gemeinsamer) PEN-Leiter vom Transformator zum Verbraucher (zulässig ab 10 mm²).

____ ____ – ____

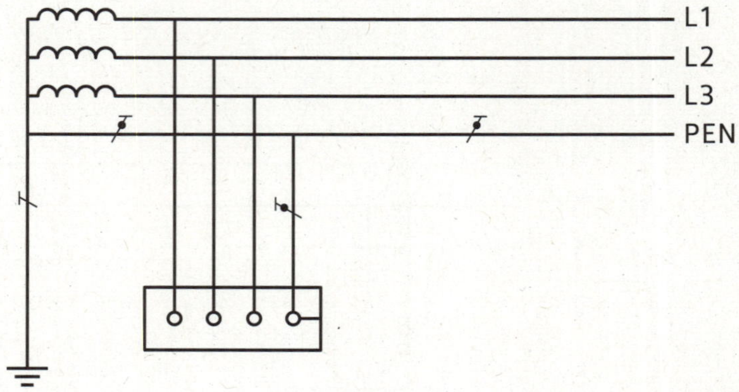

In einem Teil der Verbraucheranlage ist der PEN kombiniert ausgeführt.

In einem anderen Teil derselben Anlage sind PE und N separat geführt.

____ ____ – ____ – ____

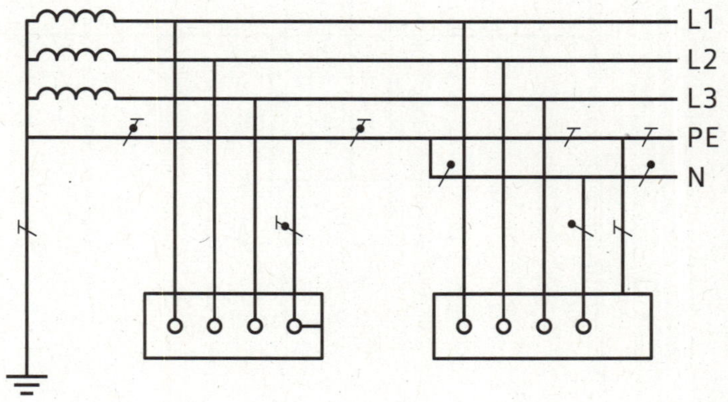

Schutzeinrichtungsarten

Nennen Sie 3 Schutzeinrichtungsarten.

1. ______________________________
2. ______________________________
3. ______________________________

1. Überstromschutzeinrichtungen

Nennen Sie 3 verschiedene Überstromschutzeinrichtungen und ergänzen Sie die Schaltzeichen.

1a ____________________ ____________________			
1b ____________________ ____________________			
1c ____________________ ____________________	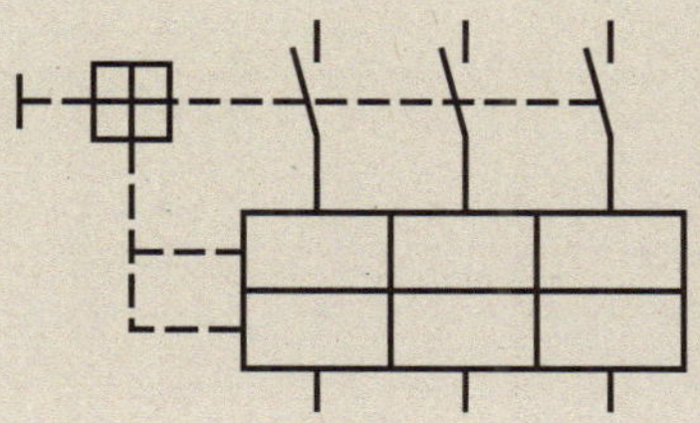	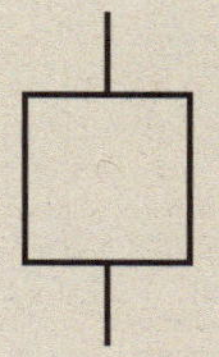	

Vervollständigen Sie den Schaltplan durch die oben genannten Überstromschutzeinrichtungen.

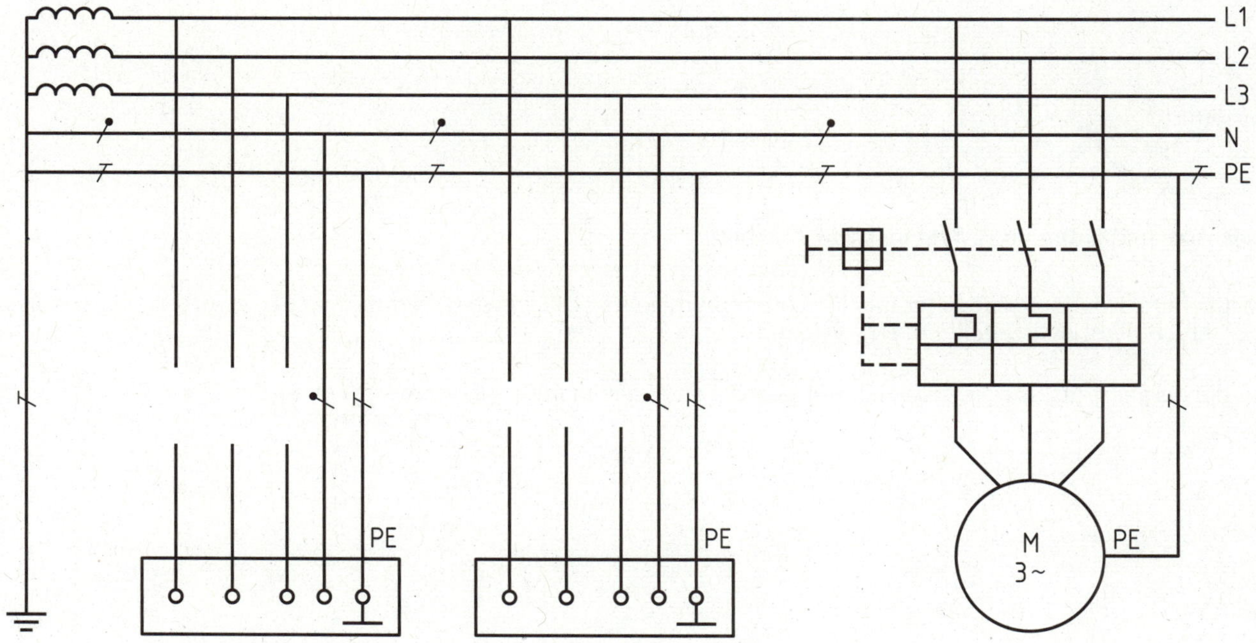

Maximale Abschaltzeiten in den Netzsystemen

Die neue DIN VDE 0100-410 vom Juni 2007 schreibt für die verschiedenen Systeme und Stromkreisarten je nach Betriebsspannung unterschiedliche Abschaltzeiten vor.

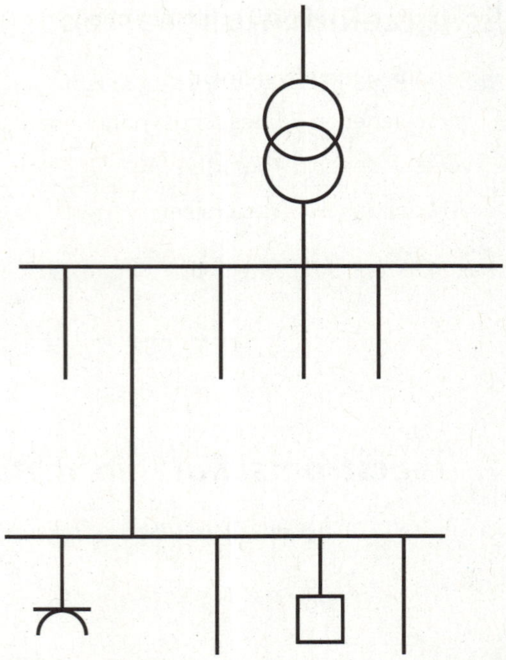

Verteilerstromkreise

Stromkreise ohne direkt angeschlossene Verbraucher

Ausgenommen sind:
Hauptstromversorgungssysteme nach DIN 18015-1 in doppelter oder verstärkter Isolierung,
Freileitungen und im Erdreich verlegte Kabel

Endstromkreise

Ergänzen Sie die Werte. (siehe Anhang)

Maximale Abschaltzeit für Endstromkreise mit einem Nennstrom nicht größer als 32 A.

System	U_0 Betriebsspannung		
	230 V AC	400 V AC	über 400 V AC
TN	______	______	______
TT	______	______	______

Für andere Stromkreise wie

- Verteilungsstromkreise und
- Endstromkreise mit einem Nennstrom über 32 A gelten maximale Abschaltzeiten:

TN-System: ____

TT-System: ____

Maximale Abschaltzeiten im IT-System beim 2. Fehler

- Wenn die Körper durch Schutzleiter miteinander verbunden und gemeinsam über dieselbe Erdungsanlage geerdet sind, gelten die Abschaltzeiten des TN-Systems.
- Wenn die Körper gruppenweise oder einzeln geerdet sind, gelten die Abschaltzeiten des TT-Systems.

Die DIN VDE 0100-410 schreibt abhängig von den

- verschiedenen Systemen,
- verschiedenen Bemessungsspannungen,
- verschiedenen Stromarten (AC – DC) und
- verschiedenen Stromkreisen (Verteilungs- oder Endstromkreis)

maximale Abschaltzeiten vor.

Tragen Sie jeweils die Abschaltzeit ein.

① TN-System, 230 V ~, Lichtstromkreis abgesichert mit 16 A — ________ s

② TT-System, 230 V ~, Steckdose abgesichert mit 16 A — ________ s

③ TN-System, 400 V Drehstrom, Motor fest angeschlossen, abgesichert mit 25 A — ________ s

④ TT-System, 400 V Drehstrom, Boiler ortsfest installiert, abgesichert mit 35 A — ________ s

⑤ TN-System, 400 V Drehstrom, Zuleitung zu einer Unterverteilung, abgesichert mit 50 A — ________ s

⑥ TT-System, 400 V Drehstrom, CEKON-Steckdose 16 A — ________ s

⑦ TN-System, 400 V Drehstrom, CEKON-Steckdose 63 A — ________ s

⑧ TT-System, 400 V Drehstrom, Zuleitung zu einer Unterverteilung, abgesichert mit 25 A — ________ s

Auslöseverhalten von Schmelzsicherungen Typ gL

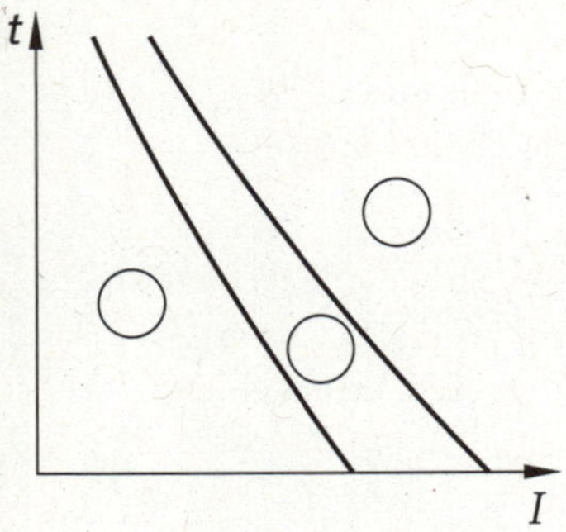

ⓐ sicherer Betriebsbereich

ⓑ Streuband der Schmelzzeit

ⓒ sicherer Auslösebereich

Ordnen Sie durch Eintragung der Buchstaben die Bereiche zu.

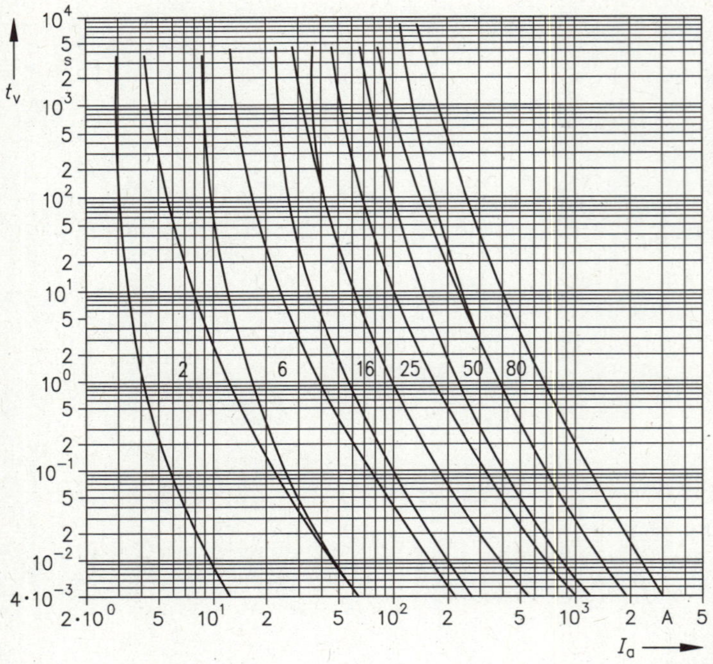

Markieren Sie die Streubänder von 6 A bis 25 A mit den entsprechenden Kennfarben.

Der Auslöseschnittpunkt ist jeweils am rechten Rand des Streubandes.

Bearbeiten Sie die Tabelle im Anhang Seite 3.

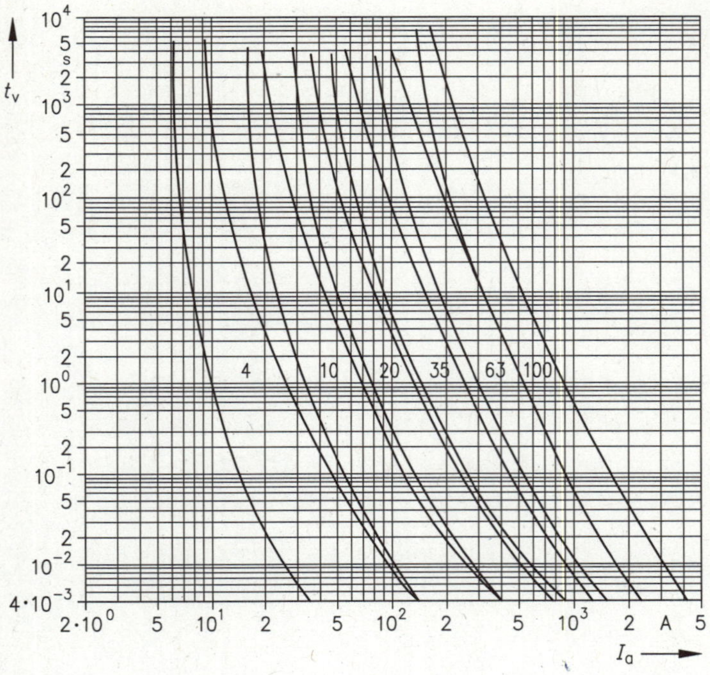

Niederspannungssicherung nach Normen der Reihe DIN VDE 0636 mit Charakteristik gL		
DIN VDE 0100 Teil 600		
I_n A	I_a (0,4 s) A	I_a (5 s) A
2	16	9,21
4	33	19,2
6	50	28
10	82	47
16	122	72
20	155	88
25	200	120
32	255	156
35	280	173
40	320	200
50	470	260
63	600	351
80	–	452
100	–	573

Leitungsschutzautomaten (LS-...)

Für die verschiedenen Bedarfsfälle, d. h. den angeschlossenen Geräten entsprechend, werden Schmalautomaten mit den passenden Charakteristiken gebaut.

Die Charakteristiken werden als Strom-Zeit-Kennlinien dargestellt. Im Allgemeinen erfolgt die Angabe des auslösenden Stroms nicht in absoluten Werten, sondern in Vielfachen des Nennstroms (normierte Darstellung).

neu IEC	andere Bezeichnungen	Anwendung
A	R, Z, H	für begrenzten Halbleiterschutz, Schutz für Messkreise, Haushaltsautomat
B	L	Leitungsschutz in Steckdosenstromkreisen
C	G, K, U	genereller Leitungsschutz, vorteilhaft bei höheren Anlaufströmen, z. B. Lampen, Motoren etc.
D		Auslösebereich ist angepasst an stark impulserzeugende Betriebsmittel, z. B. Transformatoren, Magnetventile
E	SHU, S 700	Hauptsicherungsautomat selektiv zu nachgeschalteten LS-Schaltern

Kennzeichnen Sie im Diagramm 1 und 2 folgende Abschaltzeiten: 0,04 s, 0,07 s, 0,1 s, 0,2 s, 0,4 s, 1 s.
Zeichnen Sie in Diagramm 3 folgende Abschaltzeiten ein: 1 s, 5 s.
Kennzeichnen Sie die Auslöseschnittpunkte mit einem roten Kreis.

1

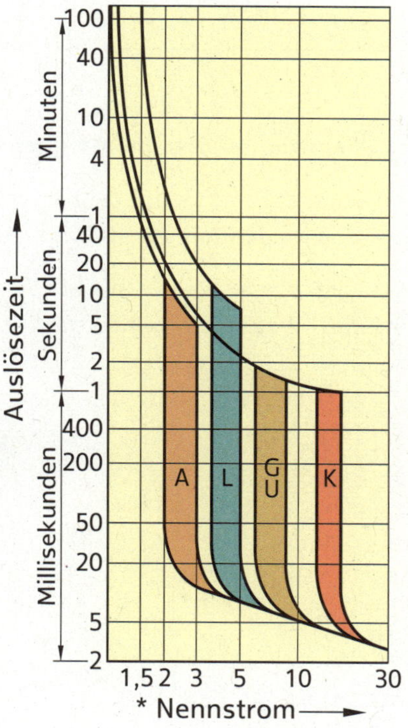

2

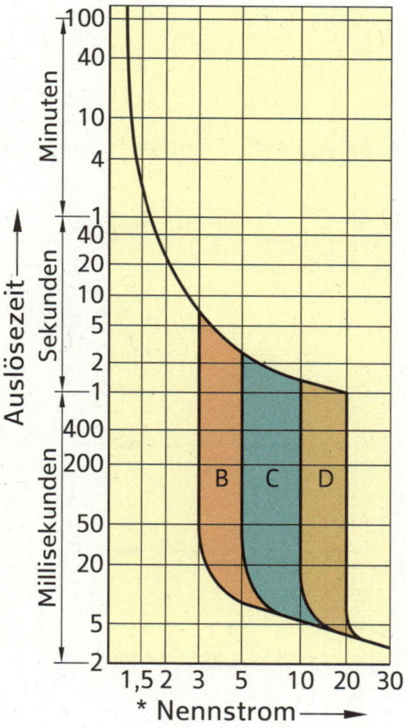

3

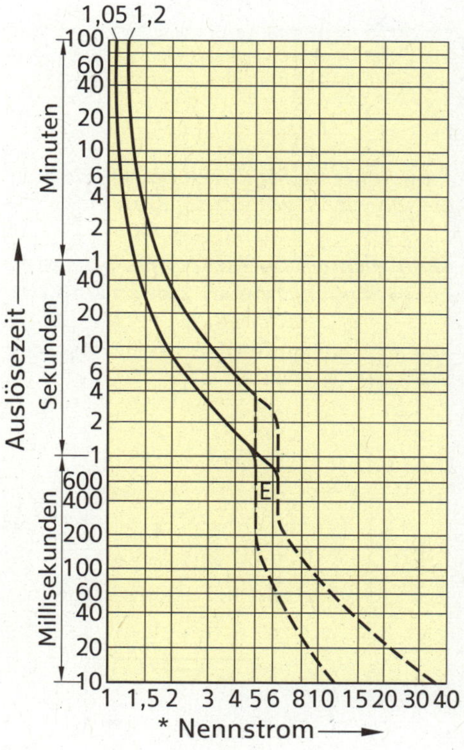

Tragen Sie die fehlenden Werte in die Tabelle ein.

Werte gelten für die Auslösezeiten: 0,04 s, 0,07 s, 0,1 s, 0,2 s, 0,4 s, 1 s							
Type	LS – R	LS – L	LS – B	LS – E	LS – C	LS – G/U	LS – K
I_a/I_N	______	5	______	______	______	______	15
I_a für I_N = 16 A	______	______	80 A	______	______	______	______

Zusatzübung im Anhang Seite 4.

Selektivität

Erläutern Sie das Prinzip der Selektivität von aufeinanderfolgenden Überstromschutzorganen.

Erklären Sie, ob bei den folgenden Serien von Überstromschutzeinrichtungen Selektivität gegeben ist:

- 32 A – 16 A – 13 A – 10 A
- 80 A – 50 A – 16 A – 10 A

Tragen Sie in der unten abgebildeten Skizze die fehlenden Bemessungswerte der Überstromschutzeinrichtungen ein, damit Selektivität gegeben ist.

Kennzeichnen Sie die Sicherungen, die nach dem Prinzip der Selektivität auslösen, wenn an den mit dem Blitzsymbol gekennzeichneten Stellen ein Kurzschluss auftritt.

Markieren Sie die Überstromschutzorgane der Anlagenteile, die nach dem Eintritt der Kurzschlüsse abgeschaltet werden.

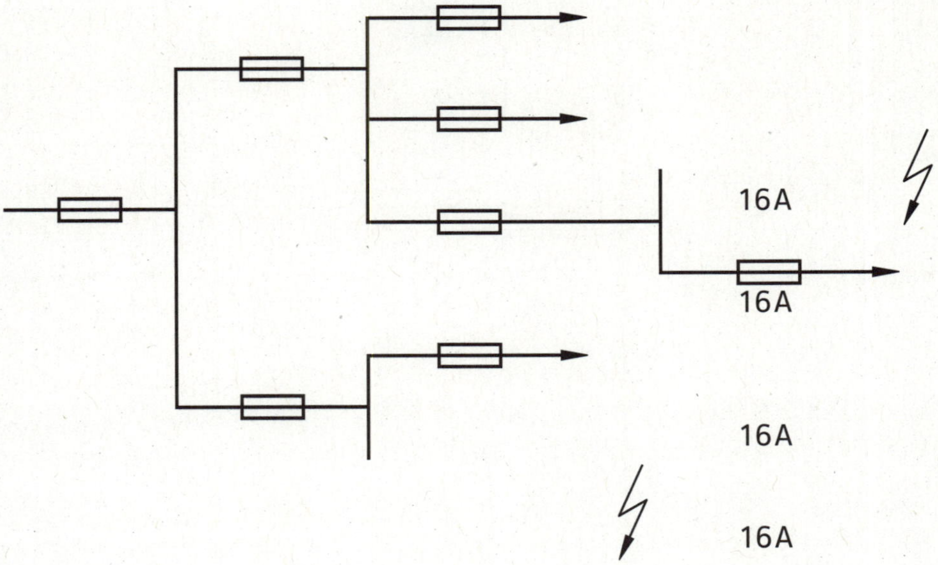

Motorschutzschalter mit Kurzschlussschnellauslöser

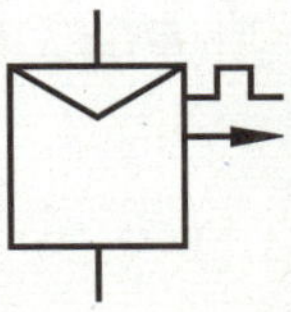

Motorschutzschalter können mehrere Schutzfunktionen erfüllen:
- Überlastschutz eines Motors (Bimetall auf Nennstrom einstellen)
- Überlastschutz für Leitungen (Bimetall)
- Kurzschlussschnellabschaltung für Leitungsanlagen (elektromagnetischer Schnellauslöser)

Motorschutz-Leistungsschalter

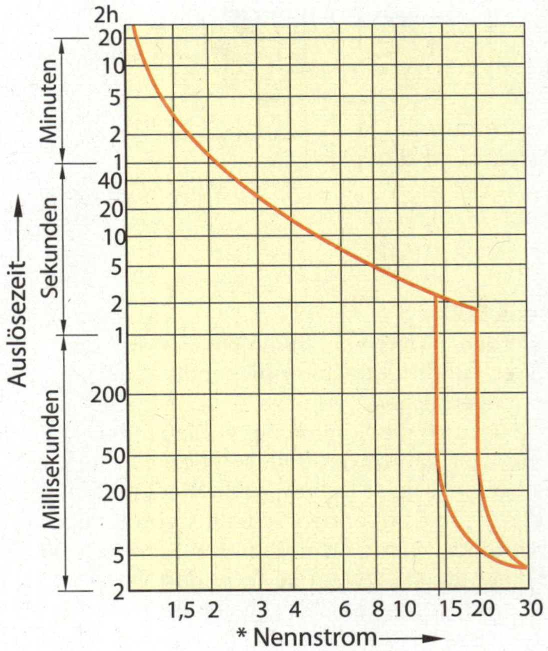

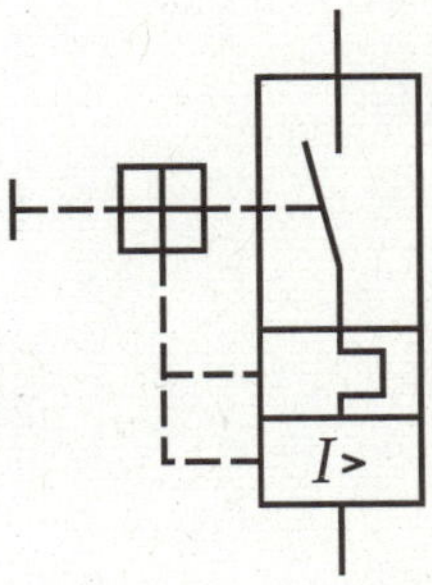

Dauerstrom I_u A	Einstellbereich Überlastauslöser I_r A	Typ
0,6	0,4 ... 0,6	PKZ 2/ZM-0,6
1	0,6 ... 1	PKZ 2/ZM-1
1,6	1 ... 1,6	PKZ 2/ZM-1,6
2,4	1,6 ... 2,4	PKZ 2/ZM-2,4
4	2,4 ... 4	PKZ 2/ZM-4
6	4 ... 6	PKZ 2/ZM-6
10	6 ... 10	PKZ 2/ZM-10
16	10 ... 16	PKZ 2/ZM-16
25	16 ... 25	PKZ 2/ZM-25
32	24 ... 32	PKZ 2/ZM-32
40	32 ... 40	PKZ 2/ZM-40

eigenfeste Bereiche ≤ 16 A/400 V ~

Die Angabe „eigenfeste Bereiche“ bedeutet: ______________________

2. RCD (Fehlerstromschutzeinrichtung)

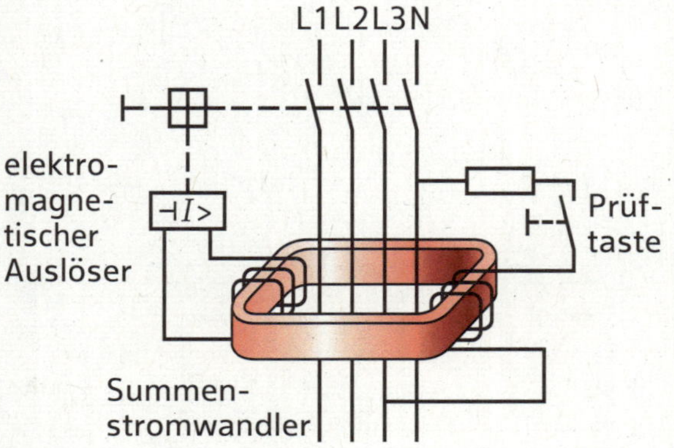

Tragen Sie die fehlenden Werte ein.

Nennstrom I_N				
______ A	______ A	______ A	63 A	80 A ...
Nennfehlerstrom $I_{\Delta N}$				
______ A	______ A	0,1 A	______ A	0,5 A ...
empfindlich		nicht empfindlich		
Personenschutz				
bedingter Anlagenschutz				

Prinzip des RCD
Hierbei werden in dem sog. Summenstromwandler die in Außen- und Neutralleiter fließenden Ströme miteinander verglichen.
Unterscheidet sich die Summe der zufließenden Ströme von der Summe der abfließenden Ströme um mehr als beispielsweise 30 mA (gerätebedingt), weil ein Teil des Stromes über den Schutzleiter oder über eine Erdverbindung und nicht über den Sumenstromwandler fließt, dann schaltet der RCD das Netz innerhalb der geforderten Zeit allpolig ab.

Der RCD bietet im Vergleich zu allen anderen Schutzmaßnahmen mit Schutzleiter die größte Sicherheit, um die Fehlerspannung nicht über 50 V ~ bzw. 25 V ~ ansteigen zu lassen.

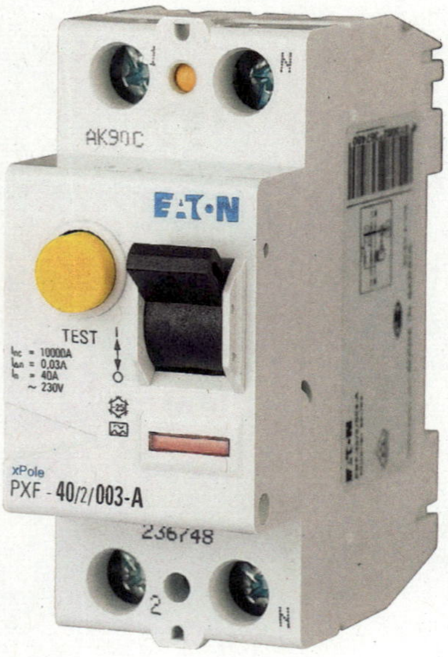

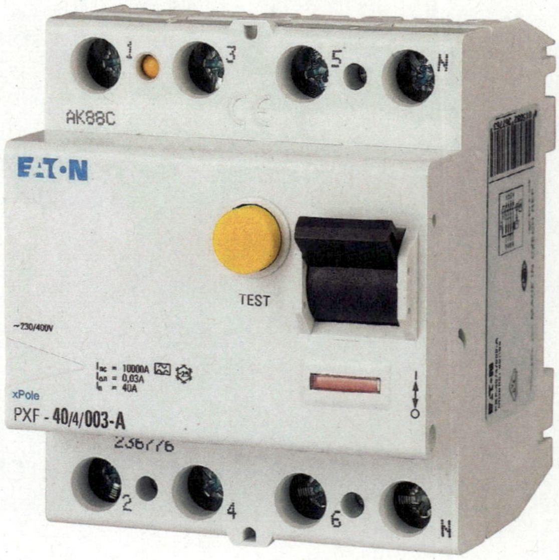

Tragen Sie die Nennfehlerstromwerte $I_{\Delta N}$ ein (siehe Anhang).
RCD sind vorgeschrieben:

in Schulen und Ausbildungsstätten	______ mA
Badezimmer	______ mA
Schwimmbäder und Springbrunnen	______ mA
Steckdosen im Freien und Steckdosen für Geräte im Freien	______ mA
Baustellenverteiler mit oder ohne Steckvorrichtungen bis 32 A (DIN VDE 0100-704)	______ mA
Baustellenverteiler mit **BGI** 608 Steckvorrichtungen über 32 A	______ mA
in landwirtschaftlichen Betriebsstätten: Stromkreise mit Steckdosen	______ mA
in landwirtschaftlichen Betriebsstätten: ortsfeste Verbraucher ohne Steckvorrichtung	______ mA
Speisepunkte für Caravanstellplätze, Campingplätze	______ mA

Die DIN VDE 0100-410: 2007-06 fordert den Einsatz von RCD gemäß folgender Tabelle:

Zusätzlicher Schutz für Steckdosen durch RCD mit $\Delta I_n \leq 30$ mA	
Einsatzzweck	**Ausnahmen**
• Innensteckdosen mit $I \leq 20$ A, ein- und mehrpolig	• Überwachte Steckdosen Die Überwachung gilt als gegeben, wenn die Steckdosen in regelmäßigen Abständen von Elektrofachkräften überprüft und in stand gehalten werden. • Steckdosen für bestimmt Verbrauchsmittel, z. B. Gefriertruhen, Heizung, EDV-Anlagen Ist eine feste Zuordnung von Steckdose und Betriebsmittel nicht sichergestellt, sollte das Betriebsmittel fest angeschlossen oder auf die Ausnahme verzichtet werden.
• Endstromkreise mit $I \leq 32$ A für fest angeschlossene, tragbare Geräte im Freien	–
• Außensteckdosen	–

3. Isolationsüberwachungseinheit

Netz mit oder ohne
Neutralleiter 130 bis 400 V ~

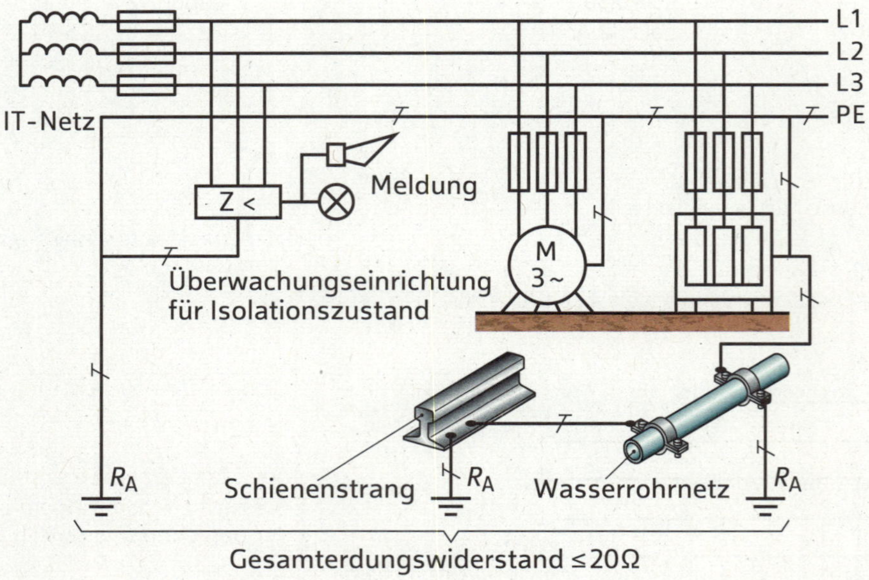

Erklärung zur Funktion

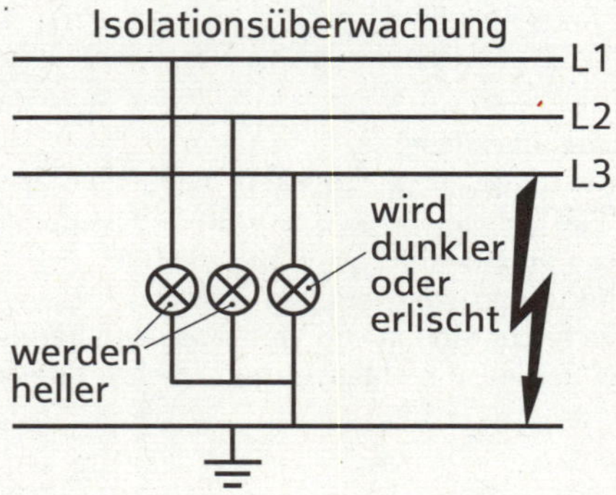

- Das Netz darf nicht geerdet sein, folglich: ______-System.
- Nur in begrenzten Anlagen zulässig, z. B. Operationsräume.
- Alle Anlagenteile, Körper, Rohre usw. sind untereinander mit einem Schutzleiter verbunden.
- Gesamterdungswiderstand $R_A \leq 20\ \Omega$.
- Unterschreitet der Isolationswiderstand in der Anlage z. B. 20 kΩ, 50 kΩ, 100 kΩ, so wird der Fehler optisch und akustisch angezeigt.

Systeme und Schutzeinrichtungen
TN-System/Überstromschutzeinrichtung

Welche maximalen Abschaltzeiten gelten im TN-System?

1 ~ 230 V bis 32 A	3 ~ 230 V bis 32 A	über 32 A
________	________	________

Bezeichnen Sie die Systeme und kennzeichnen Sie die Fehlerschleifen farbig.

__________-System

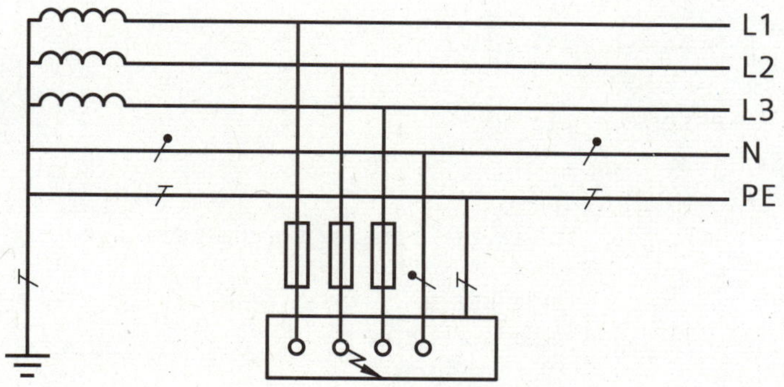

__________-System

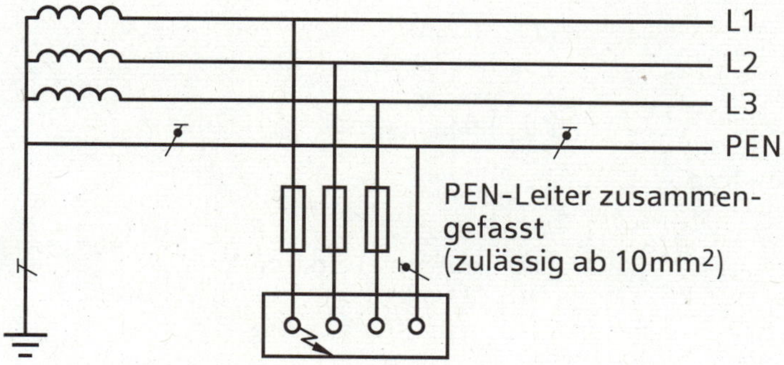

__________-System

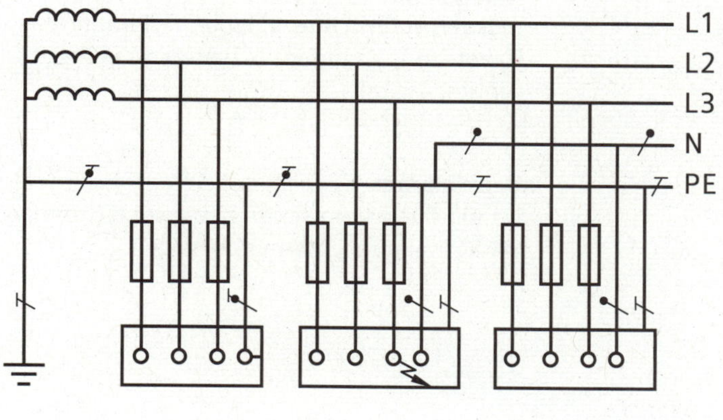

Wie lautet die Abschaltbedingung?

____

Z_S Impedanz (Scheinwiderstand) der Fehlerschleife, wird durch Messung oder Berechnung ermittelt

I_a Abschaltstrom des Schutzorgans in der geforderten Zeit (Tabelle, Kurve)

U_o Spannung gegen den geerdeten Leiter

Von welchen Größen hängt der Schleifenwiderstand ab?

a) ______________________

z. B. ______________________

b) ______________________

z. B. ______________________

Wie lautet die Formel für den Leitungswiderstand?

$R =$ __________

Beurteilung:
Zur Auslösung der Überstromschutzeinrichtung in weniger als 0,4 s sind sehr hohe Ströme nötig.

z. B. LS-C $I_a =$ ______ $\cdot I_N$ (siehe S. 15)

Daraus folgt:

Z_S muss sehr klein sein, z. B. $Z_S \leq$ ______

TN-Systeme/RCD

Bezeichnen Sie die Systeme und kennzeichnen Sie die Fehlerschleifen farbig.

______-System

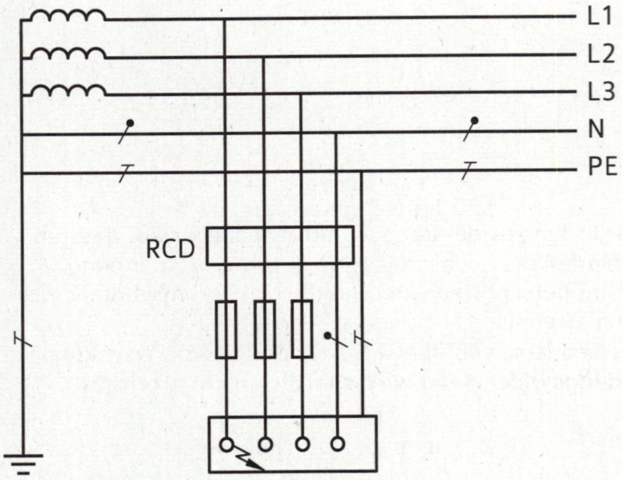

______-System

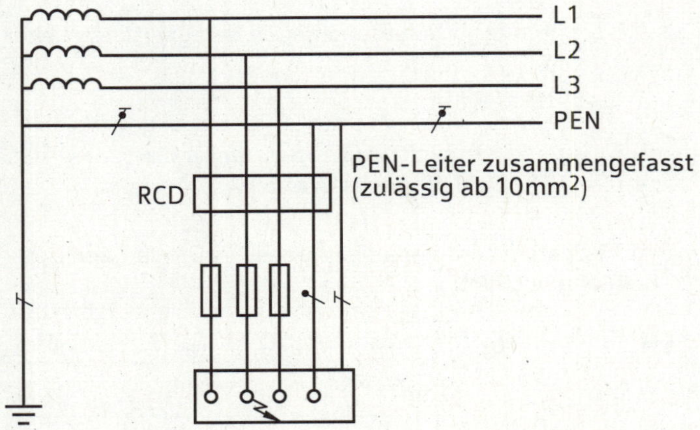

______-System

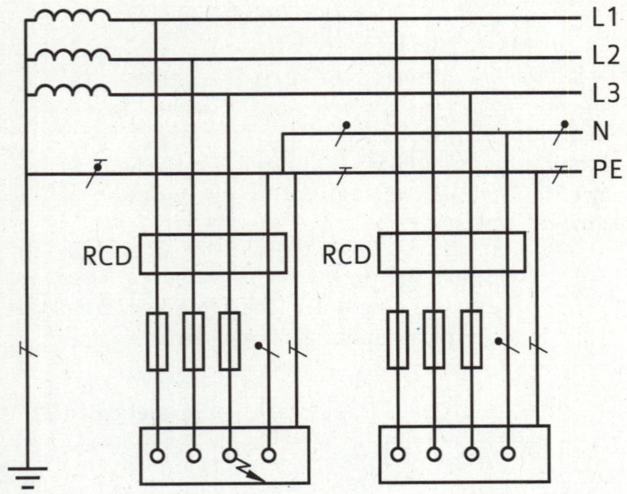

Wie lautet die Abschaltbedingung?

______

Der geforderte Abschaltstrom I_a ist abhängig von der geforderten Abschaltzeit und von der Art bzw. Form des Fehlerstroms (siehe Anhang)!

Wie groß muss der Abschaltstrom sein?

RCD 30 mA
Abschaltzeit 0,4 s
Wechselstrom ______

RCD 30 mA
Abschaltzeit 0,2 s
Wechselstrom ______

RCD 30 mA
Abschaltzeit 0,2 s
pulsierender Gleichfehlerstrom ______

RCD 30 mA
Abschaltzeit 0,1 s
glatter Gleichfehlerstrom ______

Die Funktionsprüfung der RCD-Schutzeinrichtung ist bei stationär installierten Anlagen mindestens alle 6 Monate, bei **ortsveränderlichen** Anlagen, z. B. auf Baustellen, an **jedem** Arbeitstag durchzuführen.

Beurteilung:
Da die Auslösung schon bei kleinen Strömen erfolgt, kann Z_S relativ hoch sein.

TT-System

Wie lautet die Abschaltbedingung?

____

R_A = Erdungswiderstand der Erde der Körper

I_a = Abschaltstrom in der geforderten Zeit

U_L = ________________________

Kennzeichnen Sie die Fehlerschleifen farbig.

TT/Überstromschutzeinrichtung

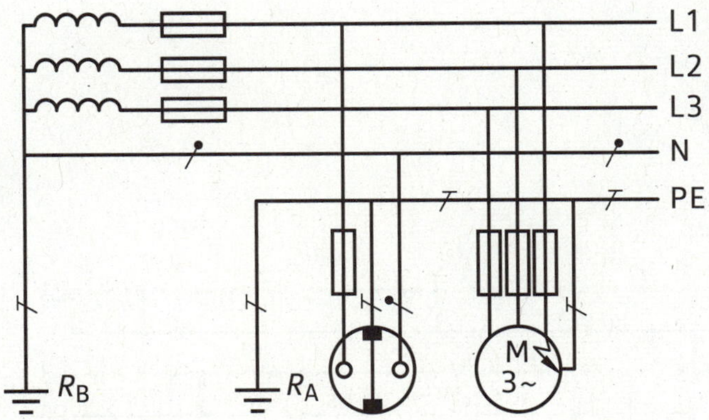

Der Erdungswiderstand R_A muss so klein sein, dass im Fehlerfall die höchstzulässige Berührungsspannung U_L nicht überschritten wird und die Überstromschutzeinrichtung auslöst.
Bei Nennströmen über ≈ 6 A ist der erforderliche **kleine Erdungswiderstand wirtschaftlich nicht erreichbar**.

TT/RCD

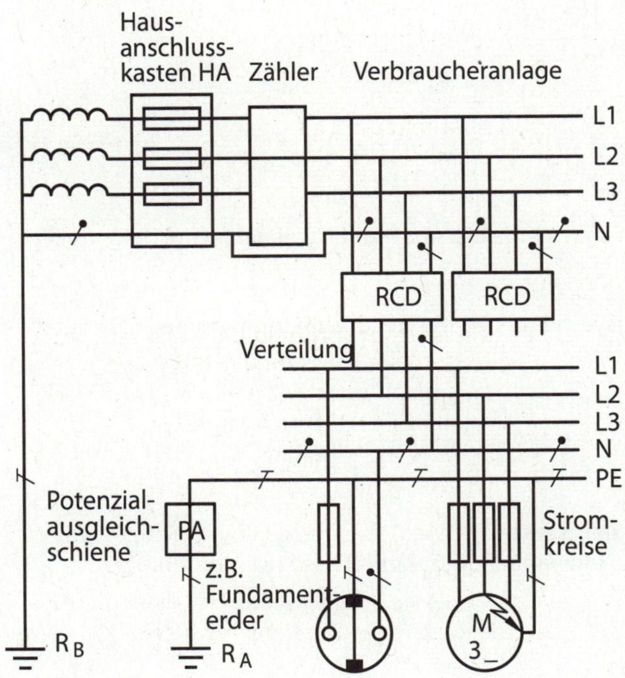

Im TT-System wird vorzugsweise die RCD-Schutzeinrichtung angewendet.

Wie lautet die Abschaltbedingung?

____

Es gilt:

____

siehe Tabelle im Anhang Seite 2!

Um ein sicheres Abschalten in der geforderten Zeit zu erreichen, muss der Abschaltstrom I_a ein Vielfaches (1 · bis 10 · Nennfehlerstrom), abhängig auch von der Stromform, betragen.

IT-System

Nur in begrenzten Anlagen mit eigenem Transformator oder Generator zulässig.

Wirksamer Schutz bei:

____

R_A Erdungswiderstand der Körper, die untereinander durch PE mit dem Erder verbunden sind.

I_d Fehlerstrom nach Auftreten eines Fehlers zwischen dem Außenleiter und einem Körper (sehr klein).

U_L Höchstzulässige Berührungsspannung, z. B.

_____ / _____ V ~ _____ / _____ V –

z. B.

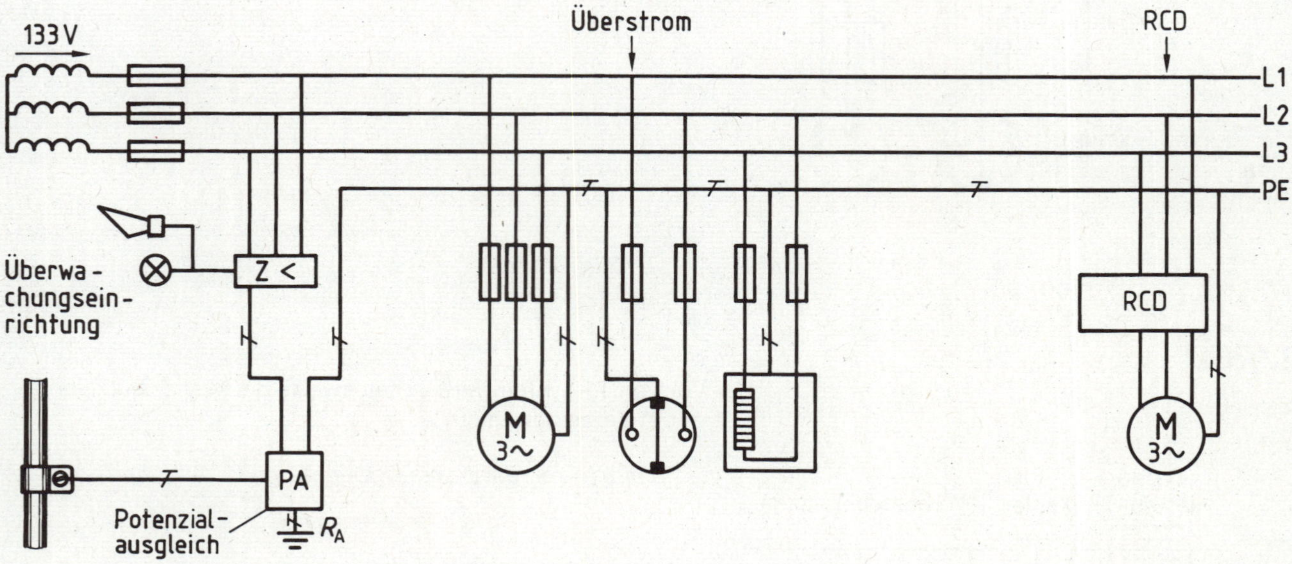

- Beim 1. Körperschluss tritt keine Berührungsspannung auf. Es erfolgt keine Abschaltung, jedoch eine Fehlermeldung durch den Isolationswächter (siehe Seite 20).
- Beim 2. Fehler ist die Abschaltung gefordert. Je nach Erdungsverhältnis ist die Abschaltbedingung des TN- oder des TT-Systems einzuhalten.

Nach den **VDE-Bestimmungen** ist das IT-System mit der Überwachungseinrichtung in Operationsräumen und Intensivpflegestationen vorgeschrieben.

In **Produktionsbetrieben** wird das IT-System bevorzugt, wenn der direkte Netzausfall einen größeren Schaden am Produktionsgut hervorrufen würde oder wenn unterschiedliche Netzspannungen Betriebsteile versorgen.

Prüfen durch Besichtigung

SELV	Schutzisolierung	Schutztrennung
Kennzeichen am Trafo: Kein Leiter darf mit Erde verbunden sein! Leitungsisolation bemessen für: ________ V ~ Farbe der Steckvorrichtungen: 24 V: ________________ 42 V: ________________	Gerätezeichen: Kein Schutzleiteranschluss Isolierung – dauerhaft – ohne Beschädigung	Kennzeichen am Trafo: Farbe der Steckvorrichtungen: ____________

Prüfen durch Messung

SELV	Schutzisolierung	Schutztrennung
U_{sek} ≤ ________ V ~ ≤ ________ V – bei Spielzeug etc. U_{sek} ≤ ________ V ~ ≤ ________ V – R_{isol} gegen Erde oder gegen Anlagenteile mit höherer Spannung ≥ ________ kΩ Prüfspannung: ________ V –	Geräte lt. DIN VDE 0701 R_{isol} ≥ ________ MΩ Ableitstrom ≤ ________ mA bei 2000 V ~ R_{isol} des Standortes – in Anlagen bis 500 V ~ / 750 V – mind. ________ kΩ – in Anlagen über 500 V ~ / 750 V – mind. ________ kΩ	U_{prim} ≤ ________ V ~ U_{sek} ≤ ________ V – R_{isol} gegen Erde – bis 500 V ~ ≥ ________ MΩ – bis 1000 V ~ ≥ ________ MΩ Prüfspannung: ________ V –

$$R_{St} = R_i \cdot \frac{U_1 - U_2}{U_2}$$

R_{St} Standortübergangswiderstand

R_i Innenwiderstand des Spannungsmessers ≈ 3 kΩ

U_1 Spannung Außenleiter L1 gegen Erde

U_2 Spannung zwischen Außenleiter L1 und Prüfplatte

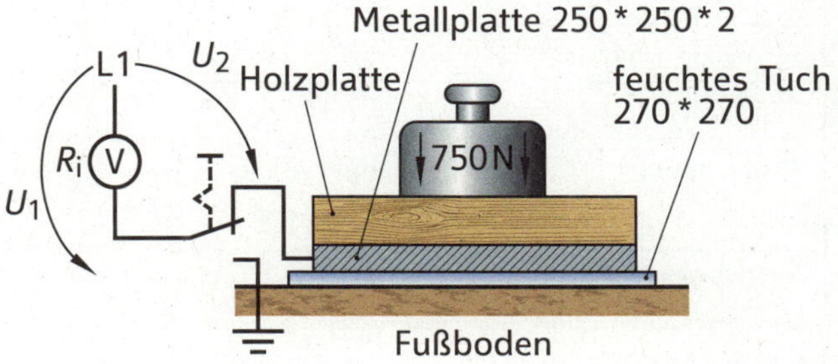

Isolationswiderstandsmessung des Fußbodens

Prüfung elektrischer Anlagen

Prüfprotokoll ①

Nr. Blatt .... von .... Kunden Nr.:

Auftraggeber ②: Auftrag Nr.: Auftragnehmer ③:

Anlage:

Prüfung ④ nach: DIN VDE 0100-600 ☐ DIN VDE 0105-100 ☐ BGV A3 ☐ .... / .... Betr.SichV ☐ E-CHECK ☐

Neuanlage ☐ Erweiterung ☐ Änderung ☐ Instandsetzung ☐ Wiederholungsprüfung ☐

Beginn der Prüfung: Beauftragter des Auftraggebers: Prüfer ⑤:

Ende der Prüfung:

Netz .... / .... V Netzform: TN-C ☐ TN-S ☐ TN-C-S ☐ TT ☐ IT ☐

Netzbetreiber

Besichtigen	i.O.	n.i.O.		i.O.	n.i.O.		i.O.	n.i.O.
Auswahl der Betriebsmittel	☐	☐	Kennzeichnung Stromkreis, Betriebsmittel	☐	☐	Zugänglichkeit	☐	☐
Trenn- und Schaltgeräte	☐	☐	Kennzeichnung N- und PE-Leiter	☐	☐	Schutzpotebzialausgleich	☐	☐
Brandabschottungen	☐	☐	Leiterverbindungen	☐	☐	Zus. örtl. Potenzialausgleich	☐	☐
Gebäudesystemtechnik	☐	☐	Schutz und Überwachungseinrichtungen	☐	☐	Dokumentation ⑥	☐	☐
Kabel, Leitungen, Stromschienen	☐	☐	Basisschutz (Schutz gegen direktes Berühren)	☐	☐	siehe Ergänzungsblätter ☐		
Erproben			Funktion der Schutz-, Sicherheits- und			Rechtsdrehfeld	☐	☐
Funktionsprüfung der Anlage	☐	☐	Überwachungseinrichtungen	☐	☐	Überprüfung Spannungsfall	☐	☐
FI-Schutzschalter (RCD)	☐	☐	Drehrichtung der Motoren	☐	☐	Gebäudesystemtechnik	☐	☐

Spannungsfall nachgewiesen ⑩ .... % **Durchgängigkeitz des Schutzleiters** ⑨ ≤ 1 Ω ☐ Erdungswiderstand R_E .... Ω

Durchgängigkeit Potenzialausgleich ⑨ **(≤ 1 Ω nachgewiesen)**

Fundamenterder	☐	Hauptwasserleitung	☐	Heizungsanlage	☐	EDV-Anlage	☐	Antennenanlage/BK	☐
Haupterdungsschiene	☐	Hauptschutzleiter	☐	Klimaanlage	☐	Telefonanlage	☐	Gebäudekonstruktion	☐
Wasserzwischenzähler	☐	Gasinnenleitung	☐	Aufzugsanlage	☐	Blitzschutzanlage	☐	....	☐

Verwendete Messgeräte nach VDE	Fabrikat: Typ:	Fabrikat: Typ:	Fabrikat: Typ:

Messen Stromkreisverteiler Nr.:

Stromkreis Nr.	Stromkreis Zielbezeichnung	Leitung/Kabel Typ	Leitung/Kabel Leiter Anzahl	Leiter Querschnitt (mm^2)	Überstromschutzeinrichtung Art Charakteristik	I_n (A)	Z_s (Ω) ☐ I_k (A) ☐ L-PE	Z_i (Ω) ☐ I_k (A) ☐ L-N	R_{iso} (MΩ) Verbraucher ohne	R_{iso} (MΩ) Verbraucher mit	Fehlerstromschutzeinrichtung (RCD) I_n/Art (A)	$I_{\Delta n}$ (mA)	I_{mess} (mA) (≤ $I_{\Delta n}$)	Ausl.-Zeit t_A (ms)	$U_L \leq$ ..... V U_{mess} (V)	Fehlercode siehe auch ⑦
	Hauptleitung			x												
				x												
				x												
				x												
				x												
				x												
				x												
				x												
				x												
				x												
				x												

Prüfergebnis: keine Mängel festgestellt ☐ Mängel festgestellt ☐ Prüfplakette angebracht: ja ☐ nein ☐ Nächster Prüftermin:

Auftraggeber ②:

Gemäß Übergabebericht elektrische Anlage vollständig übernommen ☐

Zustandsbericht erhalten ☐

Ort Datum Unterschrift

Prüfer ⑤:

Die elektrische Anlage entspricht den anerkannten Regeln der Elektrotechnik ☐

Die elektrische Anlage entspricht nicht den anerkannten Regeln der Elektrotechnik ☐

Ort Datum Unterschrift

Prüfen durch Messung

Welche Größen sind im TN- bzw. TT-System zu messen?

Schutzeinrichtung	im TN-System	im TT-System
Überstrom		
FI **RCD**		
Außerdem müssen in allen Installationsanlagen die Isolationswiderstände gemessen werden!		

Messmethode für die Schleifenimpedanz Z_S

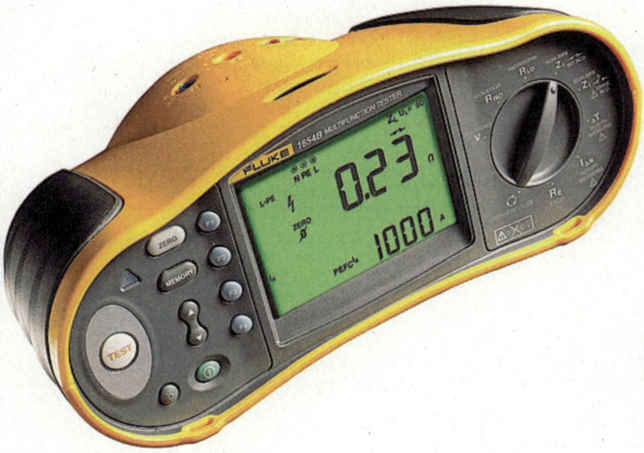

PROFI**TEST** MTECH

! Messablauf gemäß der Gerätebeschreibung.

Schleifenimpedanzmessung (indirekt)

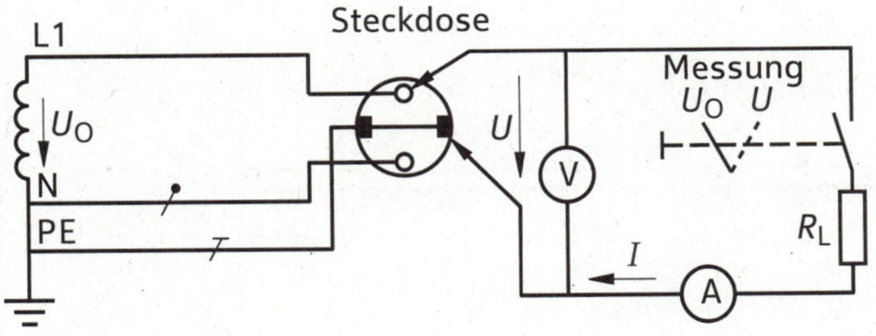

$$Z_S = \frac{U_0 - U}{I}$$

Messmethode für den Erdungswiderstand R_A

Einfache Messschaltung

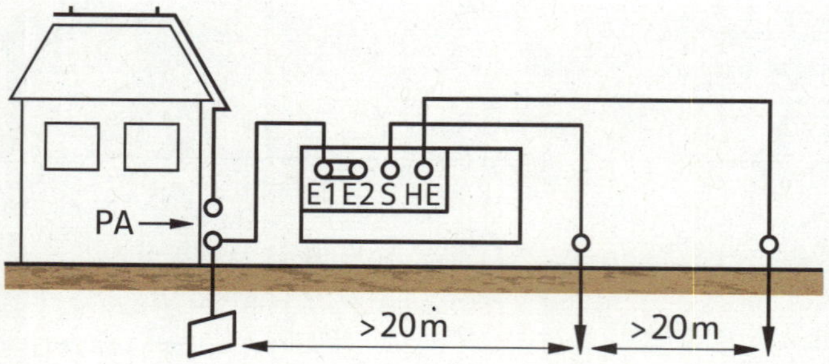

direkt mit dem Erdungsmesser

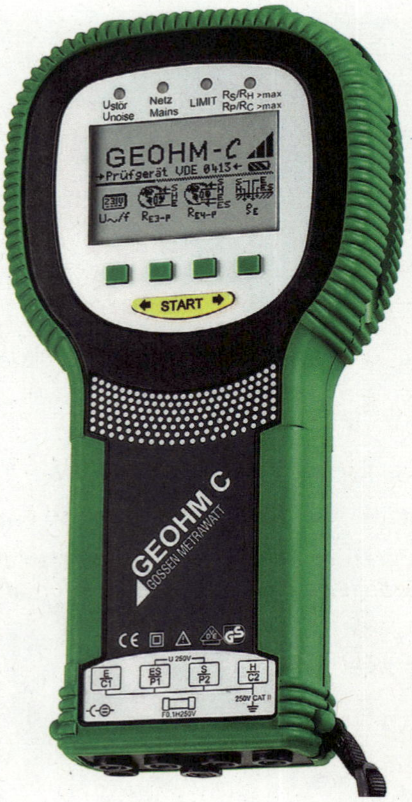

Andere Anordnung der Sonden

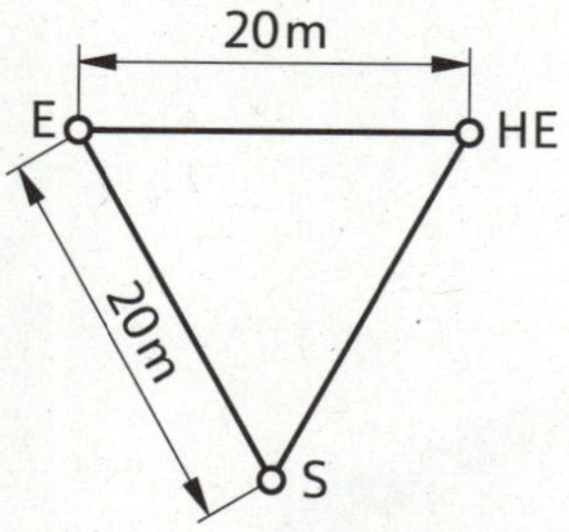

Genaue Messschaltung
Der Widerstandswert der Messleitung E1 zum Erdanschluss wird kompensiert (abgezogen).
Kennzeichnen Sie diese Leitung farbig.

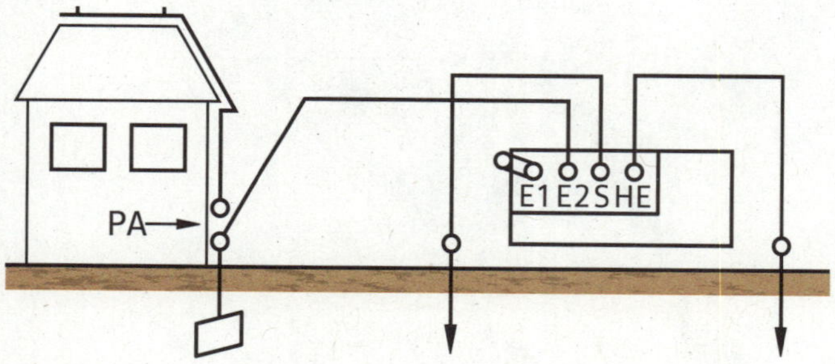

! Messablauf gemäß der Gerätebeschreibung

Messmethode (indirekt)

durch Strom- und Spannungsmessung

R_A = ______

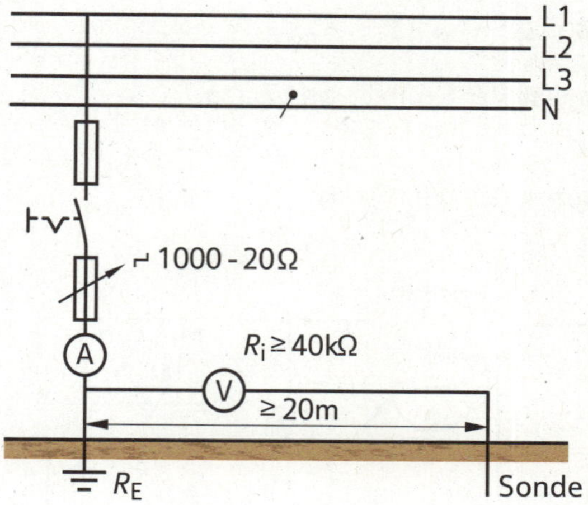

Messmethode für U_B (und evtl. bei älteren Messgeräten I_Δ)

(direkt mit Profitest 0100 SII +, Fluke 1653, ABB M 5012 etc.)

U_B = ______________________

I_Δ = ______________________

Messung (Durchschnittswerte)									
RCD-Schaltung	U_N	I_N	$I_{\Delta N}$	Auslösung bei U_B	I_Δ	R_A	Messpunkte	x Auslässe	Sonstiges

Verwendetes Prüfgerät: ______________________ Fabrikat: ______________________

Messmethode für den Isolationswiderstand R_{Isol}

In Starkstromanlagen bis 1 000 V ~ darf der Isolationswiderstand zwischen Leitern untereinander sowie zwischen Leitern und Erde (PE) folgenden Wert nicht unterschreiten:

________ kΩ

Nach alter VDE 0100:

in trockenen Räumen ________ Ω/V

in nassen Räumen und im Freien ________ Ω/V

Die Prüfung ist mit ________ V Gleichspannung durchzuführen.

Messvorbereitung:

- alle Schalter ______________________
- alle Sicherungen ______________________
- alle Automaten ______________________
- alle Verbraucher ______________________
- N-Leiter von der Netzeinspeisung ______________________

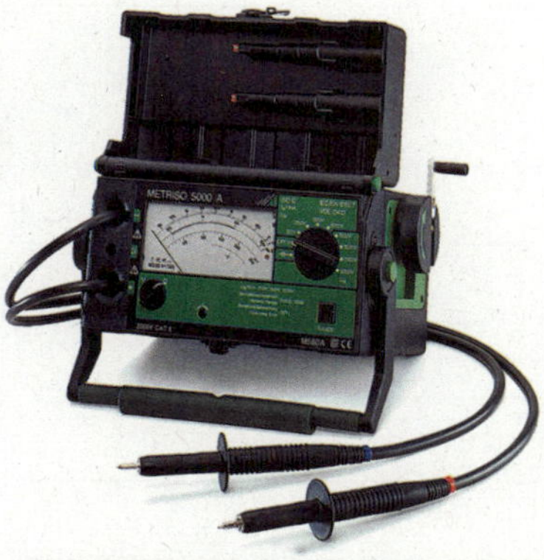

Isolationsmesser mit Kurbelinduktor nach VDE 0413

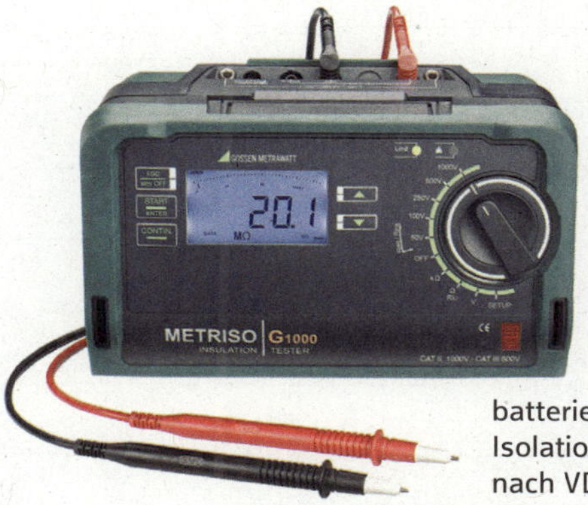

batteriebetriebener Isolationsmesser nach VDE 0413

Isolationsmessungen Hauptleitungen (Mindestwerte in kΩ)											
	L1-L2	L2-L3	L1-L3	L1-N	L2-N	L3-N	L1-E	L2-E	L3-E	N-E	Hinweis
HA-Zähler											
Zähler-Vert. I											
Stromkreis											
1.											

Verwendeter Isolationsmesser: ______________________ Fabrikat: ______________________

Erläutern Sie die drei Schutzklassen kurz, benennen Sie Beispiele und skizzieren Sie die zugehörigen Symbole.

Schutzklasse I		
Schutzklasse II		
Schutzklasse III		

Ordnen Sie folgende Bestandteile der Geräteprüfung nach DIN VDE 0701-0702 den Schutzklassen I, II, III zu:
(mehrfache Zuordnungen sind möglich)

Prüfungen:	Sichtprüfung, Gerätekennzeichnung, Funktionsprüfung (nach Instandsetzung oder Änderung)
Messungen:	Berührungsstrom, Differenzstrom, Schutzleiterwiderstand, Ersatz-Ableitstrom, Isolationswiderstand, Ableitstrom, Schutzleiterstrom
Nachweise:	Trennung von Versorgungs-Stromkreisen

Schutzklasse I	Schutzklasse II	Schutzklasse III

Skizzieren Sie eine Messschaltung zur Ermittlung des Schutzleiterwiderstands und geben Sie die maximal erlaubten Grenzwerte an.

Schaltskizze zur Ermittlung des Schutzleiterwiderstands	Grenzwerte
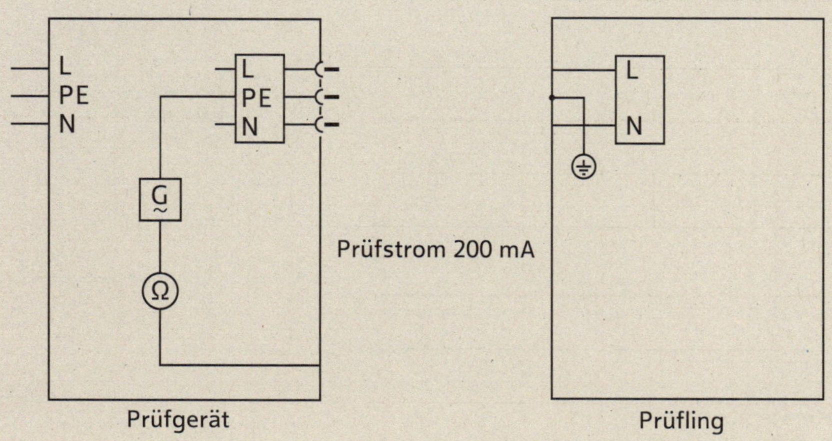	

Skizzieren Sie eine Messschaltung zur Ermittlung des Berührungsstromes nach dem Differenzstromverfahren und geben Sie die maximal erlaubten Grenzwerte an.

Schaltskizze zur Ermittlung des Berührungsstromes nach dem Differenzstromverfahren	Grenzwerte
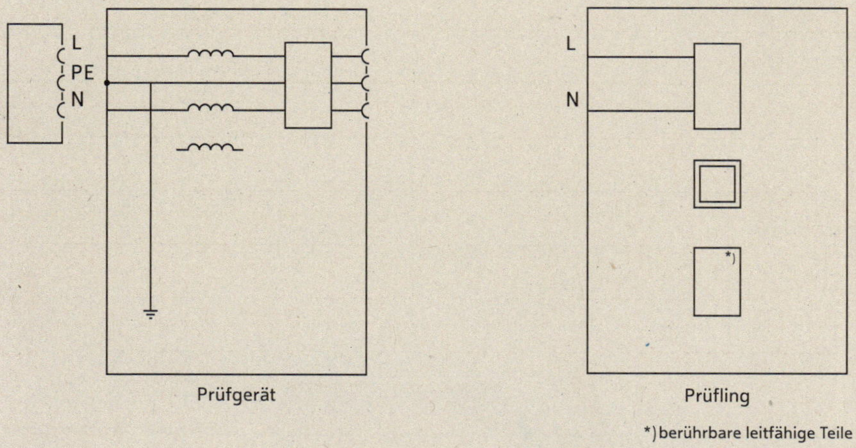	

Entstehung von Blitz- und Überspannungen

Erläutern Sie die Wirkungsweise der galvanischen Einkopplung eines direkten Blitzeinschlags.

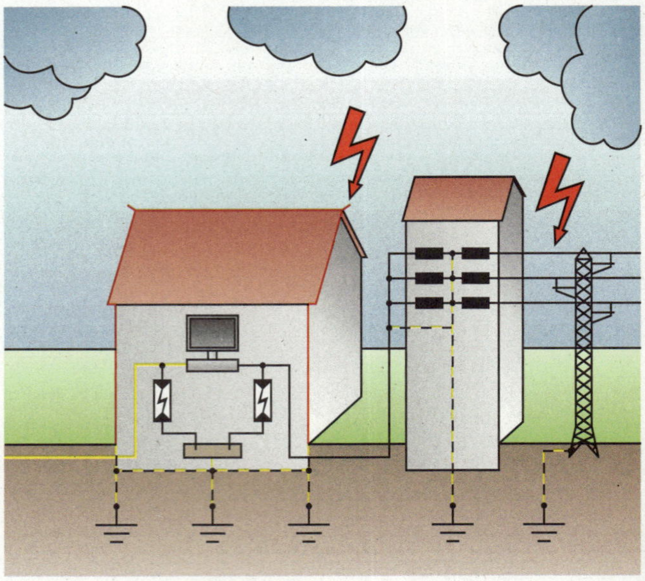

Galvanische Einkopplung

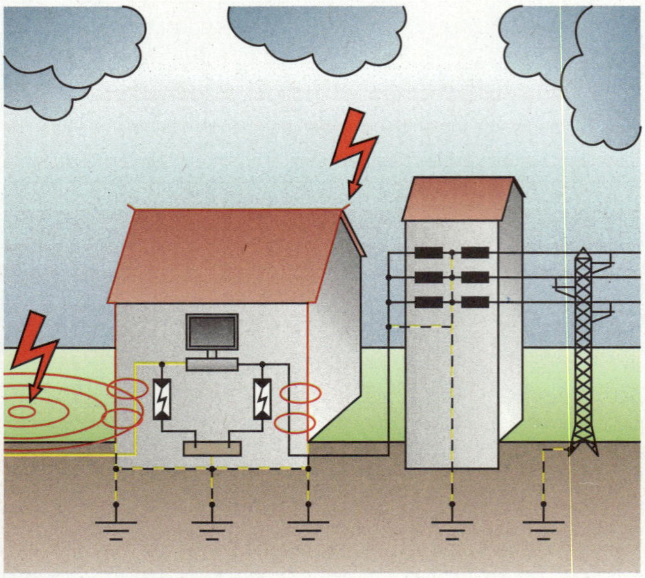

Induktive Einkopplung

Erläutern Sie die Wirkungsweise der induktiven Einkopplung eines indirekten Blitzeinschlags.

Erläutern Sie die Wirkungsweise der kapazitiven Einkopplung eines indirekten Blitzeinschlags.

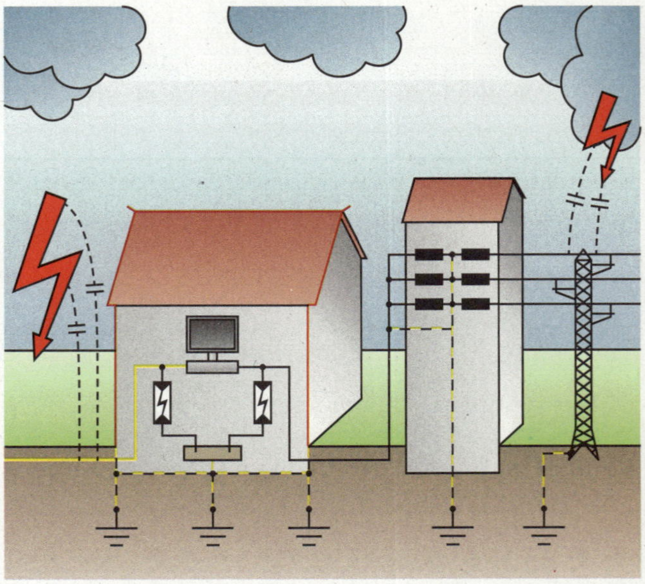

Kapazitive Einkopplung

Blitzschutzanlagen, äußerer Blitzschutz

Blitzschutzanlagen haben die Aufgabe, Schäden an Gebäuden und elektrischen bzw. metallischen Anlagen und Installationen im Inneren eines Gebäudes abzuwenden.

Benennen Sie mögliche Schäden an und in Gebäuden.

Blitzschutzkonzepte unterscheiden den äußeren Blitzschutz und den inneren Blitzschutz. Erläutern Sie beide Begriffe kurz.

Zentrale Bestandteile des Blitzschutzes sind Blitzfang- und Blitzableiteinrichtungen sowie die Erdungsanlage. Kennzeichnen Sie mit den Buchstaben a (Fangeinrichtung), b (Ableiteinrichtung) und c (Erdungsanlage) die entsprechenden Stellen in der Skizze:

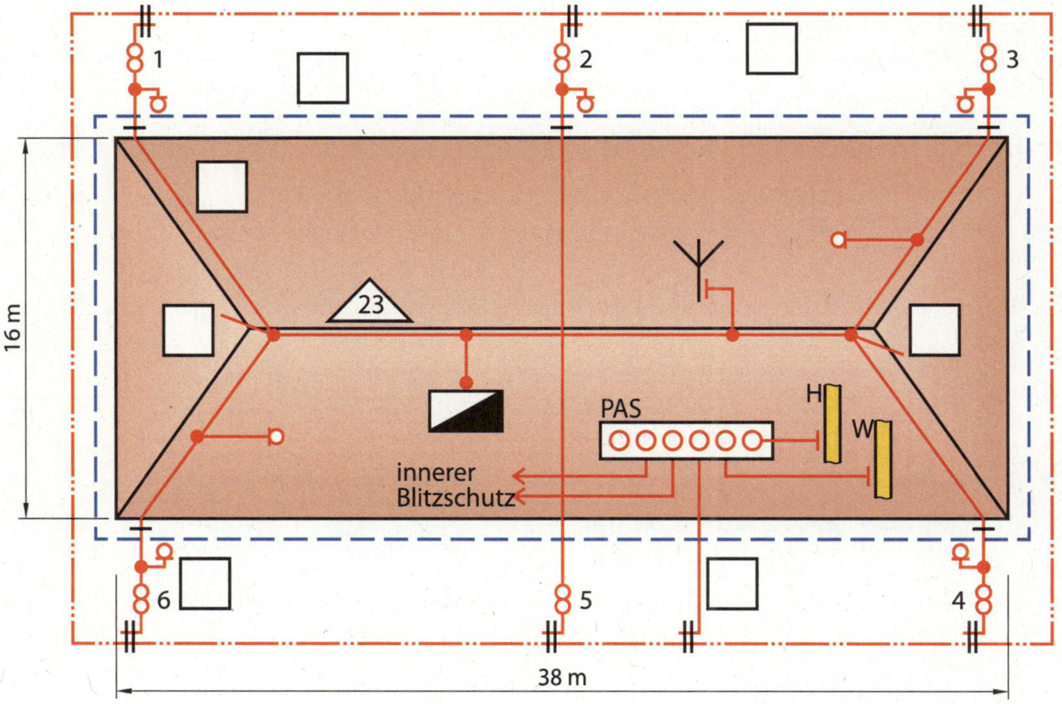

Beschreiben Sie die Aufgabe von Fangeinrichtungen.

Die Anzahl der Blitzableiter ist von der Form des Gebäudes und dessen Umfang abhängig:

Symmetrische Gebäude	Unymmetrische Gebäude	Symmetrische Gebäude mit weniger als 12 m Länge oder Breite
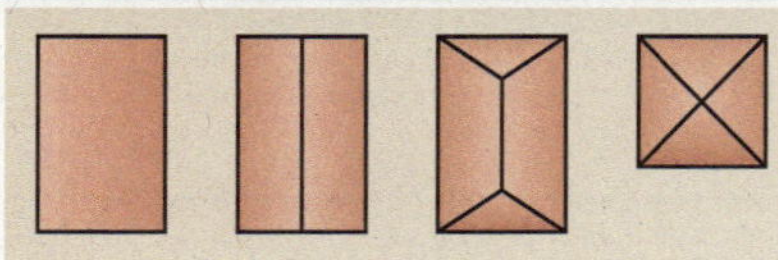	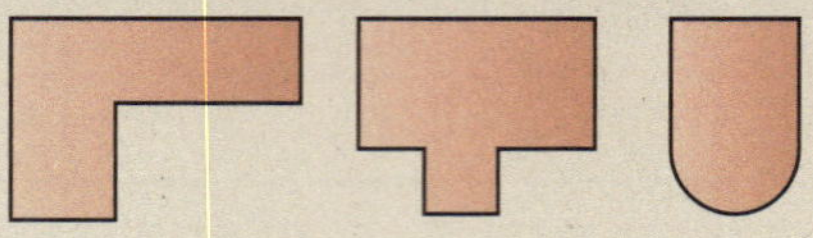	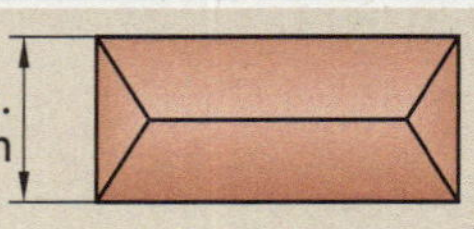
Ist n_{Rund} eine gerade Zahl, so bleibt diese Zahl unverändert, z. B. $n_{Rund} = 4 \Rightarrow n_{Geb} = 4$. Ist n_{Rund} eine ungerade Zahl, wird die Anzahl der Ableitungen um 1 erhöht, z. B. $n_{Rund} = 5 \Rightarrow n_{Geb} = 6$.	Die ermittelte Anzahl der Ableitungen bleibt unverändert: $n_{Rund} = n_{Geb}$	Ist n_{Rund} eine gerade Zahl, so bleibt diese Zahl unverändert, z. B. $n_{Rund} = 4 \Rightarrow n_{Geb} = 4$. Ist n_{Rund} eine ungerade Zahl, wird die Anzahl der Ableitungen um 1 vermindert, z. B. $n_{Rund} = 5 \Rightarrow n_{Geb} = 4$.

Überprüfen Sie durch eine Rechnung die Anzahl der Ableitungen der oben skizzierten Blitzschutzeinrichtung.

Erläutern Sie die Aufgabe der Erdungsanlage und benennen Sie drei verschiedene Erder.

Blitzschutzanlagen, innerer Blitzschutz

Die nachfolgende Auflistung enthält verschiedene Maßnahmen und Einrichtungen des inneren Blitzschutzes. Ordnen Sie die einzelnen Begriffe den grau unterlegten Flächen in der unten dargestellten Übersicht zu:

1 erdverlegte Anlage, betriebsmäßig getrennt;

2 Anschlussfahne zum äußeren Blitzschutz;

3 Isolierstück;

4 Potenzialausgleichsschiene;

5 Gebäude durchziehendes Metallteil;

6 Trennfunkenstrecke;

7 Blitzstromableiter;

8 Fundament- bzw. Blitzschutzerder.

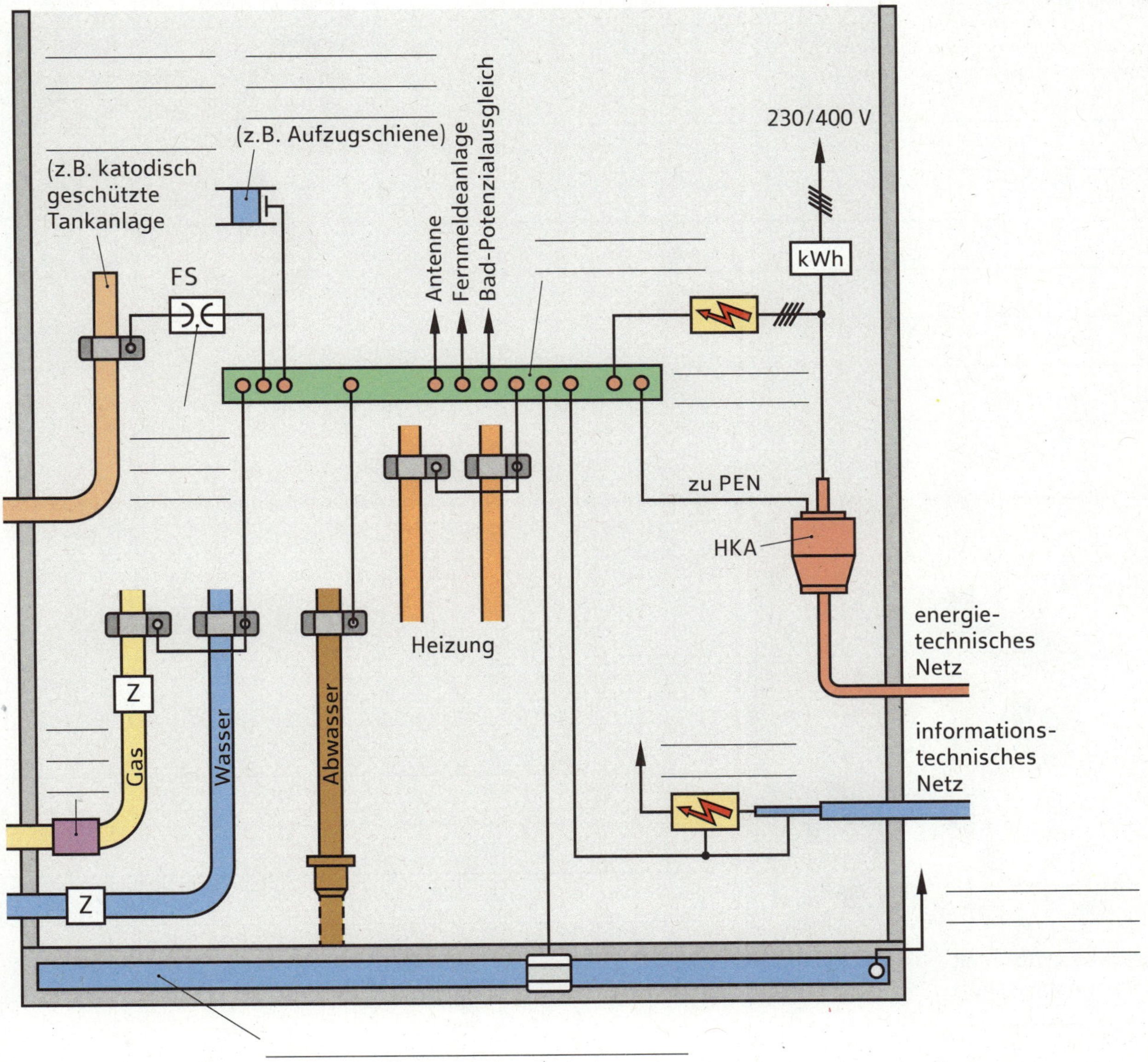

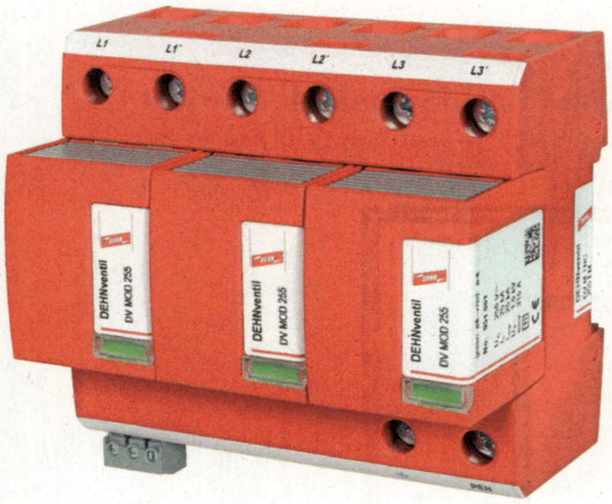

Blitzstromableiter

Eine zentrale Rolle innerhalb des inneren Blitzschutzes nimmt der Blitzschutz-Potenzialausgleich ein. Erklären Sie kurz den Zweck dieser Maßnahme.

____

____

____

____

____

____

Erläutern Sie die Wirkungsweise einer Trennfunkenstrecke als Bestandteil des inneren Blitzschutzes.

____

____

____

____

____

____

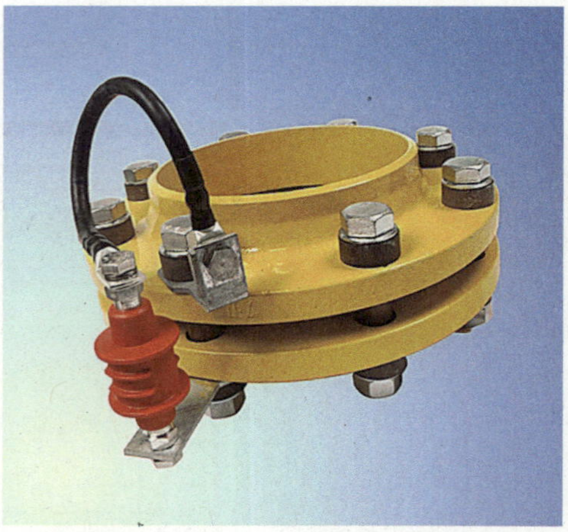

Trennfunkenstrecke

Schuko-Steckdose mit Überspannungsschutz

Als Ergänzung der Blitzschutzmaßnahmen werden oft Überspannungsableiter eingesetzt. Beschreiben Sie Einsatzmöglichkeiten und -grenzen.

____

____

____

____

____

____

Blitzschutzzonenkonzept

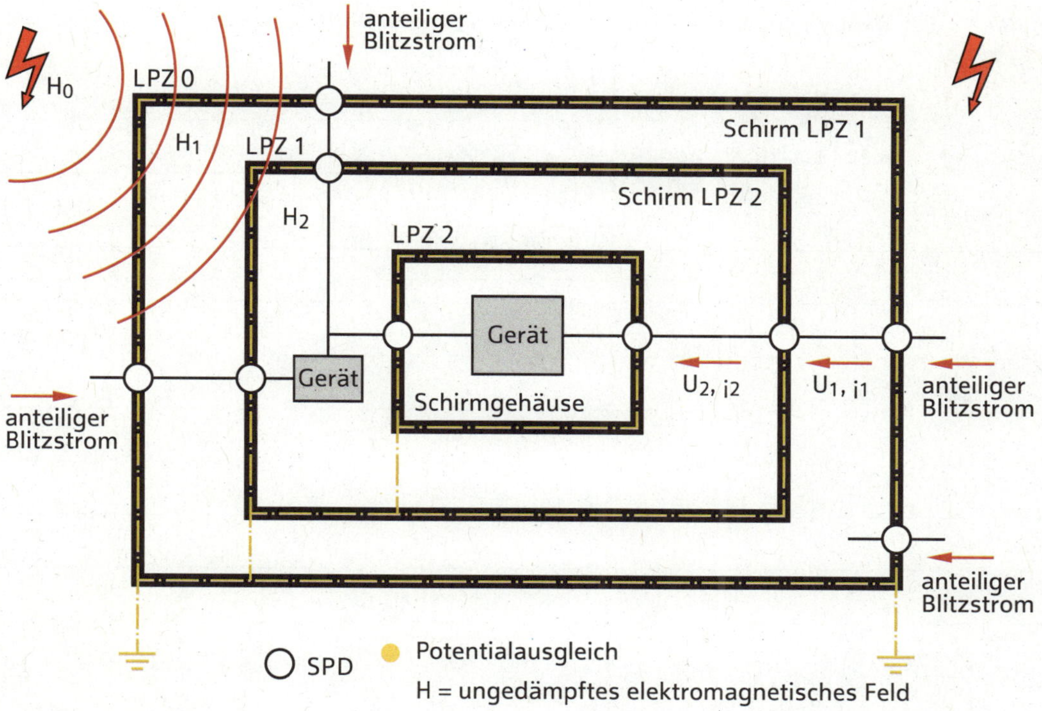

Blitzschutzzonenkonzept

Das Blitzschutzzonenkonzept teilt Gebäude in Zonen gleicher Gefährdungen ein. Erläutern Sie stichpunktartig die einzelnen Blitzschutzzonen (BSZ, engl: Lightning Protection Zone):

LPZ 0, BSZ 0	
LPZ 1, BSZ 1	
LPZ 2, BSZ 2	
LPZ 3, BSZ 3	

Wiederholungsprüfung von Blitzschutzanlagen

Tragen Sie in der nachfolgenden Tabelle die notwendigen Prüfungen und Messungen zusammen, um die Funktionsfähigkeit einer Blitzschutzanlage beurteilen zu können:

Besichtigen	Beurteilung des äußeren Blitzschutzes
	Beurteilung des inneren Blitzschutzes
Messen	Niederohmigkeit von ...

Was ist mit elektromagnetischer Verträglichkeit gemeint?

Beschreiben Sie, welche Forderungen sich aus dem Gesetz über die elektromagnetische Verträglichkeit für elektrische Geräte und Anlagen ergeben.

Störquellen und Störsenken

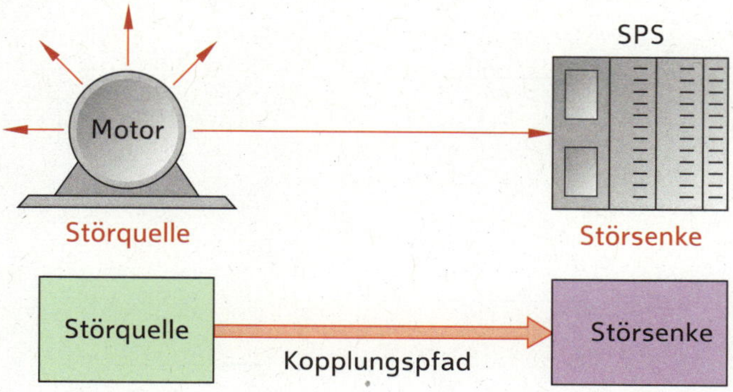

Nennen Sie Beispiele für …

… Störquellen	… Störsenken

Beschreiben Sie allgemein, was unter einer Störquelle zu verstehen ist.

Beschreiben Sie allgemein, was unter einer Störsenke zu verstehen ist.

Formulieren Sie Forderungen an Hersteller elektrischer Anlagen und Geräte, die sich durch die Beachtung der EMV-Richtlinien ergeben.

Ordnen Sie folgende Geräte oder Anlagen hinsichtlich ihres Störvermögens bzw. ihrer Störempfindlichkeit in das Diagramm ein:

Schweißanlagen, Handys, kapazitive Sensoren, Empfangsanlagen, induktive Sensoren, Gleichstrommotoren, Freileitungen

Kopplungsarten

1. Galvanische Kopplung

Zwei Stromkreise, die voneinander unabhängig arbeiten, benutzen aus Platzgründen auf einer Platine eine gemeinsame Leiterbahn, die somit zum Koppelwiderstand wird. Einer der Stromkreise arbeitet (unbeabsichtigt) als Störquelle, der andere (ebenfalls ungewollt) als Störsenke. Der frequenzabhängige Spannungsabfall am Koppelwiderstand Z_K stört die Spannungsversorgung von Z_1 und Z_2 mit U_1 bzw. U_2.

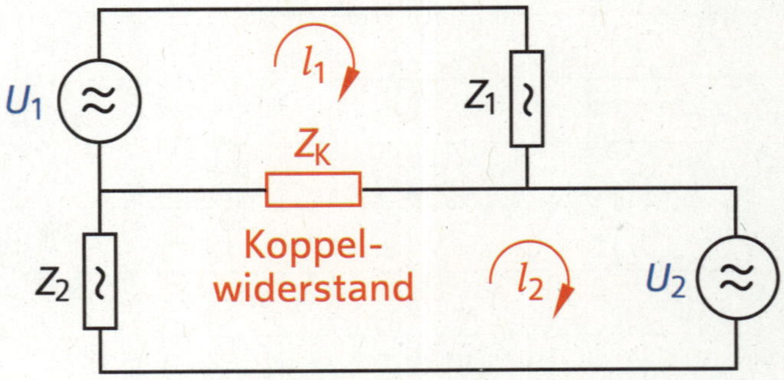

Führen Sie Maßnahmen zur Verminderung oder Vermeidung der galvanischen Kopplung zweier Stromkreise auf.

2. Kapazitive Kopplung

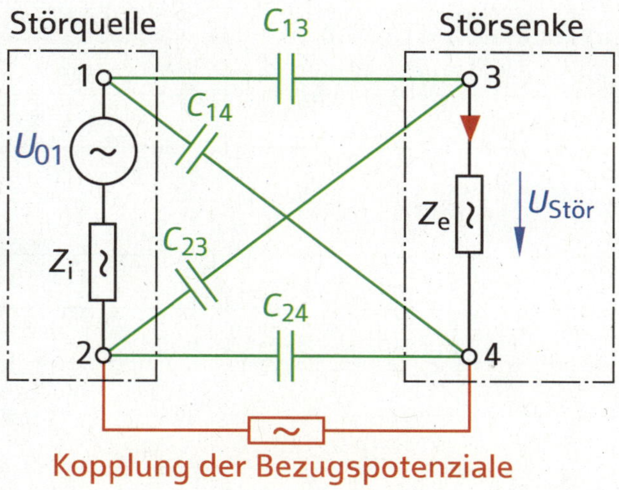

Wenn sich zwischen Störquelle und -senke ein elektrisches Feld bildet, wird die Störenergie durch Streukapazitäten (C_{13} bis C_{24}) eingekoppelt und ist somit nicht an einzelne Bauteile gebunden.

Benennen Sie Maßnahmen gegen die kapazitive Einkopplung von Störsignalen.

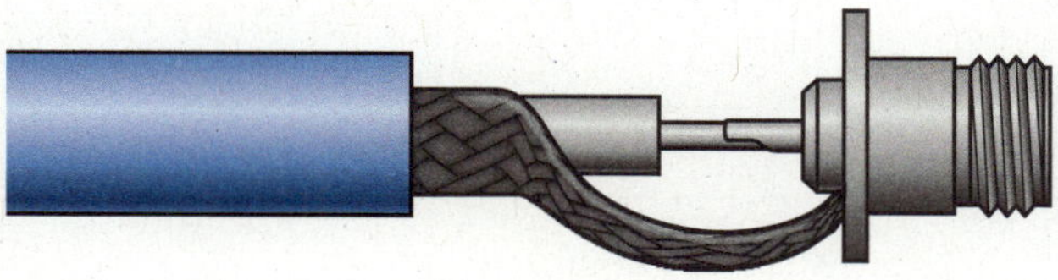

schlechte Schirmung

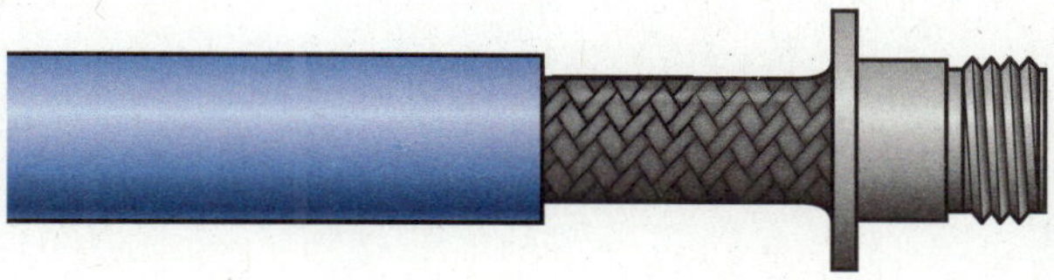

gute Schirmung

3. Induktive Kopplung

Grundlage für die induktive Einkopplung ist das Transformatorprinzip. Störquelle und -senke sind durch einen gemeinsamen magnetischen Fluss verkettet.

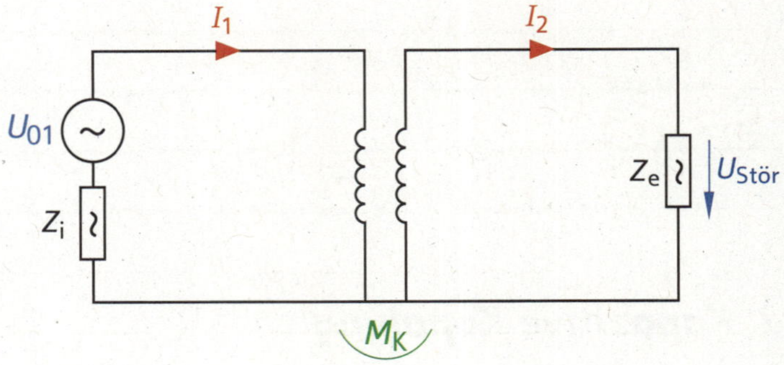

Benennen Sie Maßnahmen gegen die induktive Einkopplung von Störsignalen.

EMV-Kennzeichen

Erklären Sie die Bedeutung folgender Symbole:

EMV in der Antriebstechnik

Erklären Sie, welche Fehler bei der folgenden Anwendung gemacht wurden.

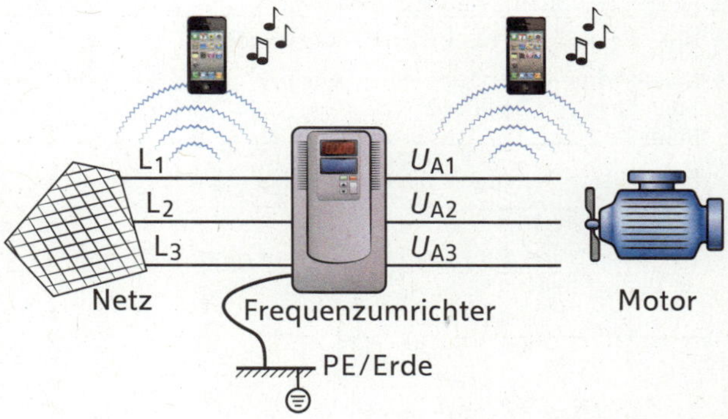

Skizzieren Sie eine korrigierte Version der dargestellten Anwendung unter Berücksichtigung der wesentlichen EMV-Aspekte.

RCD-Anwendungsbereiche

Anwendungsbereich	Bestimmung	Geforderter $I_{\Delta n}$ [mA]	Empfohlene FI-Schutzeinrichtungen 5SM. (Typ A)	5SM. (Typ B)	SIG-RES
Steckdosen ≤ 20 A und Endstromkreise im Außenbereich ≤ 32 A	DIN VDE 0100-410	≤ 30	→	--	--
Brandschutz bei besonderen Risiken oder Gefahren	DIN VDE 0100-482	30, 300	→	→	--
Niederspannungs-Stromerzeugungsanlagen	DIN VDE 0100-551	≤ 30	→	--	--
Leuchten und Beleuchtungsanlagen, Vorführstände für Leuchten	DIN VDE 0100-559	≤ 30	→	--	--
Räume mit Badewanne oder Dusche, Steckdosen im Bereich 3	DIN VDE 0100-701	≤ 30	→	--	--
Schwimmbäder Bereich 1 und 2	DIN VDE 0100-702	≤ 30	→	--	→
Baustellen, Steckdosenstromkreise (Einphasenbetrieb) bis 32 A und für handgehaltene Betriebsmittel	DIN VDE 0100-704	≤ 30	→ →	-- →	→ →
Landwirtschaftliche und gartenbauliche Anwesen allgemein Steckdosenstromkreise	DIN VDE 0100-705	≤ 500 ≤ 30	→ →	-- --	→ →
Leitfähige Bereiche mit begrenzter Bewegungsfreiheit	DIN VDE 0100-706	≤ 30	→	--	--
Speisepunkte für Caravan-Stellplätze, Campingplätze	DIN VDE 0100-708	≤ 30	→	--	--
Medizinisch genutzte Räume je nach Anwendungsgruppe 1 oder 2 und nach Betriebsmittel	DIN VDE 0100-710	≤ 30 oder ≤ 300	→ →	→ →	-- --
Fliegende Bauten, Wagen, Wohnwagen nach Schaustellerart	DIN VDE 0100-722	≤ 500	--	--	→
Unterrichtsräume mit Experimentierständen	DIN VDE 0100-723	≤ 30	--	→	--
Springbrunnen Bereich 2 allgemein Steckdosen im Bereich 2 Bereiche 0 und 1	DIN VDE 0100-738	≤ 500 ≤ 30 ≤ 30	→ → →	-- -- --	→ → →
Zusätzlicher Schutz bei direktem Berühren in Wohnungen	DIN VDE 0100-739	≤ 30	→	--	--
Bergbauanlagen	DIN VDE 0118-100	≤ 500	→	--	→
Ausrüstung von Starkstromanlagen mit elektronischen Betriebsmitteln	DIN EN 50178 (VDE 0160)	Allgemeine Anforderungen an korrekte Auswahl bei Einsatz von FI	→	→	--
Straßenverkehrs-Signalanlagen • Klasse T1 • Klasse U1	DIN VDE 0832-100	 ≤ 300 ≤ 30	 → →	 -- --	 → →
Auswahl und Betrieb elektrischer Betriebsmittel auf Baustellen Allgemein: • Steckdosenkreise ≤ 32 A / • Steckdosenkreise > 32 A Frequenzgesteuerte Betriebsmittel: • mit Steckvorrichtung ≤ 32 A / • mit Steckvorrichtung > 32 A	BG FE BGI 608	 ≤ 30 / ≤ 500 ≤ 30 / ≤ 500	 → / → -- / --	 → / → → / →	 → / → -- / --
Chemische Industrie, Nahrungsmittelindustrie		30 (empfohlen)	→	→	→

Anmerkung: Aus Gründen des grundsätzlichen Brandschutzes wird als maximaler Bemessungsfehlerstrom bei Fehlerstrom-Schutzeinrichtungen 300 mA empfohlen.

DIN VDE 0100-410 – 2007-06: Abschaltzeiten

Maximale Abschaltzeiten für Endstromkreise mit einem Nennstrom < 32 A

System	50 V < U_0 ≤ 120 V		120 V < U_0 ≤ 230 V		230 V < U_0 ≤ 400 V		U_0 > 400 V	
	AC	DC	AC	DC	AC	DC	AC	DC
TN	0,8 s	Besondere Vorschriften beachten!	0,4 s	5 s	0,2 s	0,4 s	0,1 s	0,1 s
TT	0,3 s		0,2 s	0,4 s	0,07 s	0,2 s	0,04 s	0,1 s

U_0 bezeichnet die Nennwechsel- oder -gleichspannung Außenleiter gegen Erde.

Für TT-Systeme gilt: Wenn die Abschaltung durch eine Überstromschutzeinrichtung erfolgt und alle fremden leitfähigen Teile der Anlage **über die Haupterdungsschiene** an den Schutzpotenzialausgleich angeschlossen sind, darf die gleiche Abschaltzeit wie für TN-Systeme gelten.

Für andere Stromkreise (z. B. Verteilungsstromkreise oder Endstromkreise mit einem Nennstrom > 32 A) gelten maximale Abschaltzeiten von **5 s im TN-System und 1 s im TT-System**.

System pro *M*

Fehlerstrom-Schutzeinrichtungen
Auslöseverhalten – Abschaltzeiten – Auslösewerte

Auslöseströme
Gemäß VDE 0664-10/-20/-100/-200 müssen FI-Schutzeinrichtungen auf die unterschiedlichen Formen von Fehlerströmen wie folgt reagieren:

Art des Fehlerstromes	Form des Fehlerstromes	Zulässiger Auslösestrombereich
sinusförmiger Wechselstrom	∿	0,5 ... 1 $I_{\Delta n}$
pulsierender Gleichstrom (positive oder negative Halbwellen)		0,35 ... 1,4 $I_{\Delta n}$
phasenwinkelgesteuerte Halbwellenströme Phasenwinkel von 90° el Phasenwinkel von 135° el		 0,25 ... 1,4 $I_{\Delta n}$ 0,11 ... 1,4 $I_{\Delta n}$
pulsierender Gleichstrom, überlagert mit glattem Gleichfehlerstrom von 6 mA		max 1,4 $I_{\Delta n}$ + 6 mA
glatter Gleichstrom	⎓	0,5 ... 2 $I_{\Delta n}$

Abschaltzeiten gemäß VDE 0664

Ausführung	Fehlerstromart	Abschaltzeiten bei			
	Wechselfehlerströme	1 x $I_{\Delta n}$	2 x $I_{\Delta n}$	5 x $I_{\Delta n}$	500 A
	pulsierende Gleichfehlerströme	1,4 x $I_{\Delta n}$	2 x 1,4 x $I_{\Delta n}$	5 x 1,4 x $I_{\Delta n}$	500 A
	glatte Gleichfehlerströme	2 x $I_{\Delta n}$	2 x 2 x $I_{\Delta n}$	5 x 2 x $I_{\Delta n}$	500 A
Standard (unverzögert) bzw. kurzzeitverzögert		max. 0,3 s	max. 0,15 s	max. 0,04 s	max. 0,04 s
selektiv S		0,13 – 0,5 s	0,06 – 0,2 s	0,05 – 0,15 s	0,04 – 0,15 s

Auslösewerte RCD – Typ A
(gültig für allgemeine Typen, nicht für selektive Typen S)

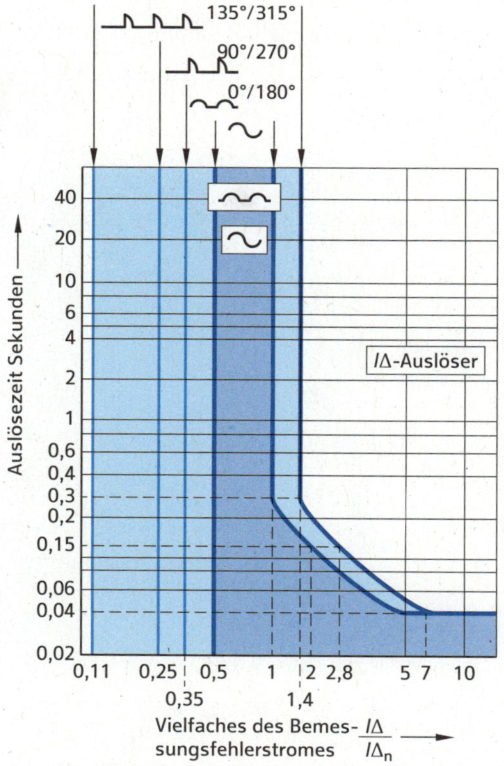

Auslösewerte RCD für Gleichfehlerströme

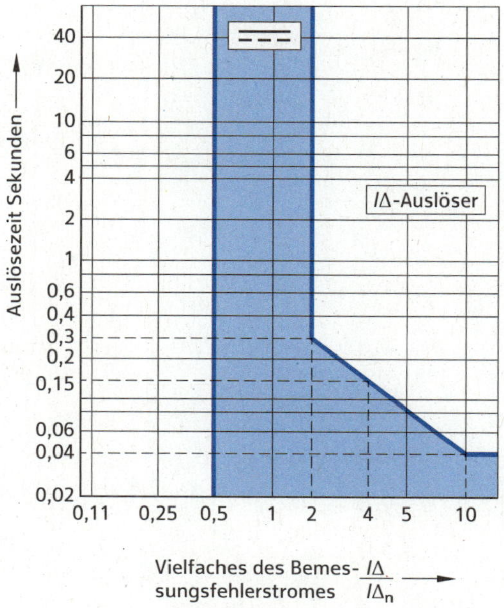

(Auszug aus dem ABB-Katalog „Niederspannungsprodukte 2013/2014“, Seite 3/43)

Fertigen Sie eine Tabelle: Die I_a-Werte können aus den Sicherungskennlinien entnommen werden.

Schmelzsicherungen gL VDE 0636 T 101 DIN EN 60269-1

Abschaltzeiten t_a, Abschaltstrom I_a Schleifenimpedanz Z_s bei 230 V

Formel: $$Z_s \leq \frac{U_o}{I_a}$$

t / I_n	5 s		1s		0,4 s		0,2 s		0,07 s	
	I_a A	Z_s (230 V) Ohm	I_a A	Z_s (230 V) Ohm	I_a A	Z_s (230 V) Ohm	I_a A	Z_s (230 V) Ohm	I_a A	Z_s (230 V) Ohm
2										
4										
6										
10										
13										
16										
20										
25										
32										
35					–	–	–	–	–	–
40						–	–	–	–	–
50					–	–	–	–	–	–
63					–	–	–	–	–	–
80					–	–	–	–	–	–

Fertigen Sie eine Tabelle: Die I_a/I_n-Werte können aus den Schutzschalterkennlinien ermittelt werden.

Schutzschaltgeräte

DIN EN 60898 VDE 0636 T 101

Formel: $Z_s \leq \frac{U_o}{I_a}$

Abschaltzeiten t_a, Abschaltstrom I_a Schleifenimpedanz Z_s bei 230 V

Wird der angegebene Ia/In-Wert überschritten, so erfolgt die magn. Abschaltung in ta < 50 ms.
Die Werte gelten somit für ta 1 sek, 0,4 s, 0,2 s, 0,07 s.

Charakteristik	A		B		C		K		D	
	$I_a/I_n \geq$ ______		$I_a/I_n \geq$ ______		$I_a/I_n \geq$ ______		$I_a/I_n \geq$ ______		$I_a/I_n \geq$ ______	
I_n	I_a A	Z_s (230 V) Ohm	I_a A	Z_s (230 V) Ohm	I_a A	Z_s (230 V) Ohm	I_a A	Z_s (230 V) Ohm	I_a A	Z_s (230 V) Ohm
6										
10										
13										
16										
20										
25										
32										
35										
40										
50										
63										

Bildquellenverzeichnis

Fotos
DEHN + SÖHNE GmbH + Co. KG, Neumarkt: S. 38.1, 38.2
Eaton Electric GmbH, Bonn: S. 19.1, 20.2, 20.3
Fluke Deutschland GmbH, Glottertal: S. 29.1
Gira Giersiepen GmbH & Co. KG, Radevormwald: S. 38.3
GMC-I Messtechnik GmbH, Nürnberg: S. 29.2, 30.2, 31.1, 31.2
VDE Prüf- und Zertifizierungsinstitut GmbH, Offenbach: S. 45.1
Zentralverband der Deutschen Elektro- und Informationstechnischen Handwerke (ZVEH), Frankfurt am Main: S. 28

Zeichnungen
Grafische Produktionen Jürgen Neumann/Bildungsverlag EINS GmbH

Normenverzeichnis

DIN VDE 0100-412: S. 8
DIN VDE 0100-413: S. 9
DIN VDE 0100-410: 2007-06: S. 14
DIN 18015-1:2013-09: S. 14
DIN VDE 0100-410: 2007-06: S. 15
DIN VDE 0636-2: 2014-09: S. 16
DIN VDE 0100-600: S. 16
DIN VDE 0100-714: S. 21
DIN VDE 0100-410: 2007-06: S. 21
DIN VDE 0701: S. 27
DIN VDE 0100-410: 2007-06: S. 46
DIN VDE 0664-10: S. 47
DIN VDE 0664-20: S. 47
DIN VDE 0664-100: S. 47
DIN VDE 0664-200: S. 47
DIN VDE 0636 Teil 101: S. 48
DIN EN 60269-1 VDE 0636-1:2015-05: S. 48
DIN EN 60898-1: S. 48
DIN VDE 0636 Teil 101: S. 48